旧工业风室内设计

〔西班牙〕玛丽亚·尤金妮娅·席尔瓦　编著　　孟祥源　译

人民美術出版社

北京

著作权合同登记　图字：01-2023-3985

First Published in 2015 by booq Publishing SL. Barcelona, Spain

The simplified Chinese translation rights arranged through Rightol Media
（本书中文简体版权经由锐拓传媒取得Email:copyright@rightol.com）

图书在版编目（CIP）数据

旧工业风室内设计 / (西) 玛丽亚·尤金妮娅·席尔瓦编著；孟祥源译. -- 北京：人民美术出版社，2023.6
ISBN 978-7-102-09174-7

Ⅰ. ①旧… Ⅱ. ①玛… ②孟… Ⅲ. ①室内装饰设计 Ⅳ. ①TU238.2

中国国家版本馆CIP数据核字(2023)第088077号

旧工业风室内设计
JIU GONGYE FENG SHINEI SHEJI

编辑出版　人民美术出版社
（北京市朝阳区东三环南路甲3号　邮编：100022）
http://www.renmei.com.cn
发行部：（010）67517611
网购部：（010）67517743

编　　著　〔西班牙〕玛丽亚·尤金妮娅·席尔瓦
译　　者　孟祥源
审　　读　任继锋
责任编辑　白劲光
责任校对　魏平远
责任印制　王建平
制　　版　朝花制版中心
印　　刷　鑫艺佳利（天津）印刷有限公司
经　　销　全国新华书店

开　本：710mm×1000mm　1/6
印　张：82
字　数：60千
版　次：2023年6月　第1版
印　次：2023年6月　第1次印刷
ISBN　978-7-102-09174-7
定　价：980.00元
如有印装质量问题影响阅读，请与我社联系调换。（010）67517850

版权所有　翻印必究

前　言

20 世纪中叶，工业风兴起于美国的一些大城市，当时正赶上一股废旧建筑的改造潮方兴未艾。第一次世界大战后，工业发展迅速，产业的变化与转型也很快，随之而来的是许多工厂和仓库都荒废了，再加上当时人们的收入水平不断提升，这种与工业老物件密切相关的工业设计风格便首先在纽约的苏豪区（SoHo）、翠贝卡区 (Tribeca) 和曼哈顿西区等地应运而生。

工业风设计的理念就是在废旧建筑物的基础结构上，花最少的钱，用最少的材料，将其打造成一个个温馨的空间。这对学生、外来移民和艺术家等相对不那么富裕的群体来说十分有吸引力，于是不知不觉间，他们成了工业风建筑的最早住户。紧接着，这些建筑被改造成休闲区、餐馆、摄影室、画廊等。最终，当初那些废弃荒旧的建筑竟蜕变成了前卫的“大制作”，变成了温馨的空间。

工业风设计的关键就是尽可能地保持建筑物原有的结构元素。这些老工厂大多特别宽敞且通风良好。屋顶高，大概是普通建筑的两倍；窗户大，基本没有装饰性元素。天花板上横穿着粗壮的大管子，金属结构、裸露的砖墙、木质家具、水泥墙、混凝土地板……所有这些元素加起来，使得空间内材料的种类和质地、纹理丰富多样。阳光洒进房间时，美极了！这时家具和装饰都不重要了，设计师想要呈现的是空间本身的自然之美。

当把“老物件”（vintage）添加到工业风室内设计中时，一种被称为“旧工业风”（industrial vintage）或者“工业别致风”（industrial chic）的新潮流就产生了。近年来，这种潮流十分盛行。旧工业风设计就是试图借助一些复古怀旧的元素给房间增加一些温馨的感觉。旧工业风物件指的是那些不仅品质上乘而且还极具审美价值的老物件。将废弃的工业建筑改造成工业风住宅时，在室内设计中添加一些经典的工业风家具或者从跳蚤市场淘回来的老物件，不仅会给这些空荡荡的大房间增添不少烟火气，还会使这些独特的建筑更有价值。

本书将主要介绍旧工业风设计的氛围和家具等构成元素，同时也会向读者展现一些体现旧工业风的室内设计实例。本书开篇先简要地介绍了工业风家具自 20 世纪上半叶以来的历史和发展，同时也对今天还能经常看到的一些经典家具的真品或是复制品展开介绍。不仅如此，本书还希望通过介绍那些散落在古玩店和旧家具行的独特物件来激起收藏者们的兴趣。最后，本书要向那些提出改造创意和为之付出艰辛努力的人们致敬，向那些愿意保持建筑物原貌的所有者们致敬，正是所有这些元素的结合，让我们看到了旧工业风设计的真正大师——时间。

目　录

Shoreditch Lighting

灯　具

在室内设计中，“灯光”（Lighting）一词并不仅仅是指室内光线的强度和光源的照射方向。对推崇旧工业风的设计师而言，灯光更是营造温馨氛围的主角。20 世纪上半叶，新艺术运动逐渐退出历史舞台，取而代之的是一种与现代性密切相关的艺术风格。人们也开始热衷于功能设计和批量生产，后来的一些像是安格普（Anglepoise）可调节台灯、比凯（Buquet）吊灯和蒂齐奥（Tizio）台灯等经典之作就是借着这股热衷之风应运而生的。与此同时，伴随着第二次工业革命的兴起、实用主义的出现和钢、铝等材料的大量使用，老工厂的铃灯、壁灯以及电影院和剧场内的射灯等废旧物件的回收利用也渐渐成为可能。废旧物件和改造创新就像是一枚硬币的两面，彼此密切相关，而旧工业风的兴起则给室内设计增添了无限的可能性。

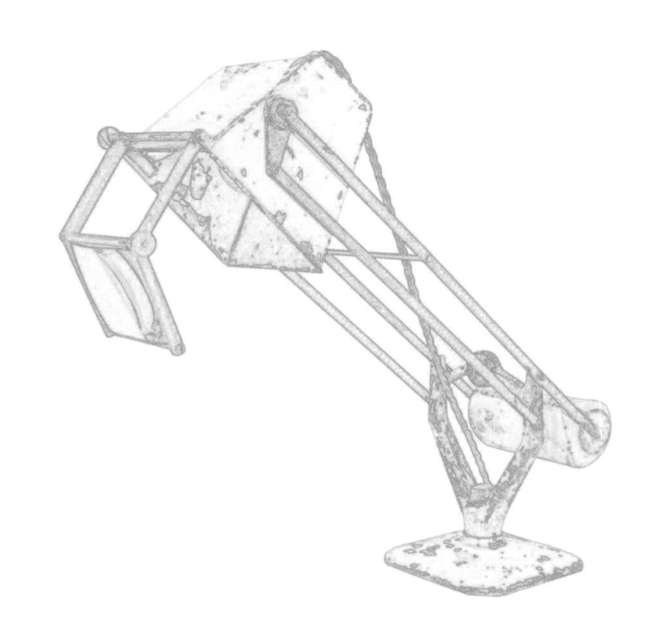

Alexander & Pearl Ltd

House Doctor

Cranmore Home

Analog Folk by Design Haus Liberty

Analog Folk by Design Haus Liberty

安络福事务所（Analog Folk）是一家位于伦敦的广告公司，其办公室的室内设计由豪斯·莱伯蒂设计工作室（Design Haus Liberty）负责。设计过程充分体现了对日常用品的回收利用，比如将一些废旧瓶子改造成灯具，或者是将废旧的门板改造成会议室的桌子。

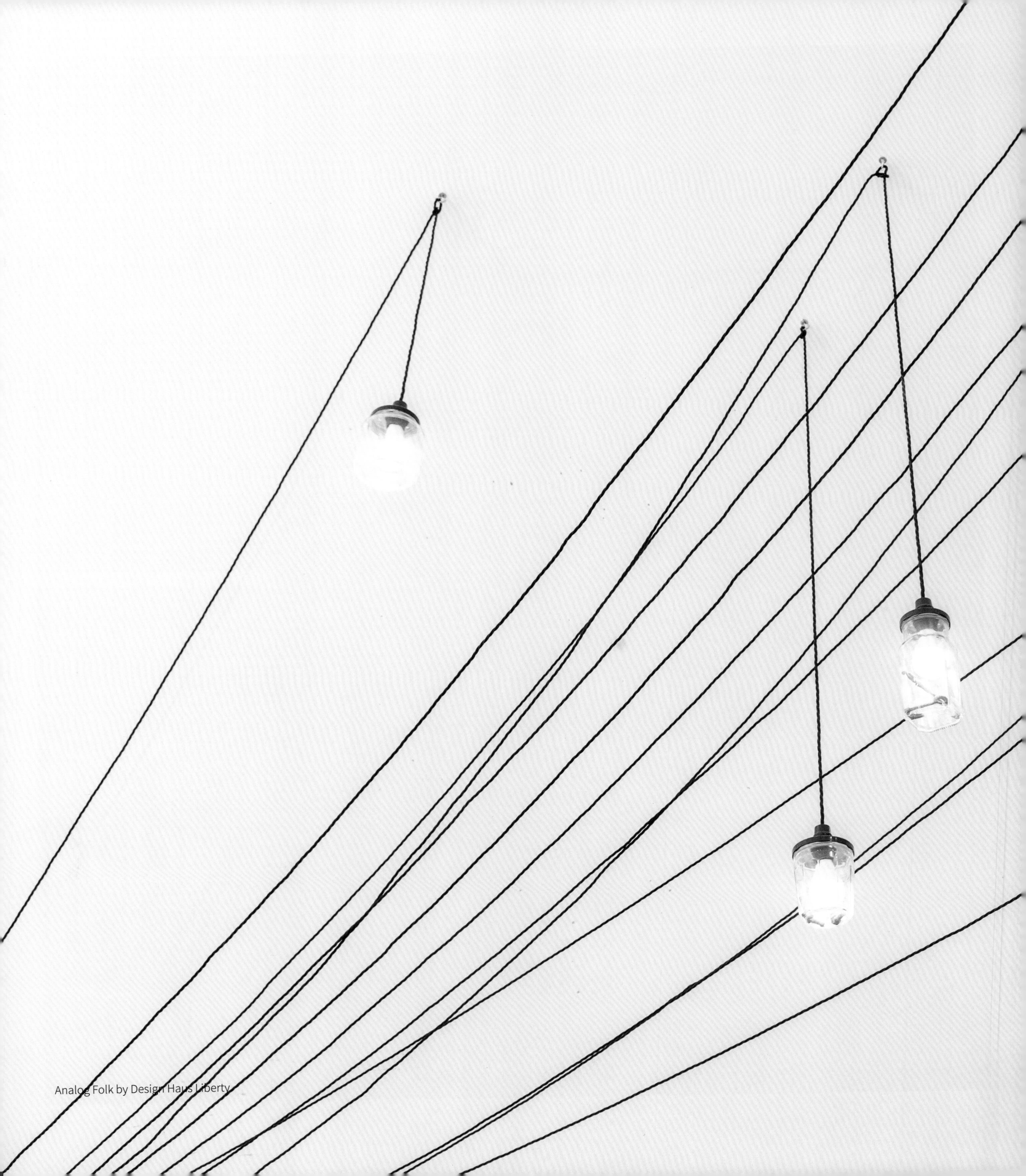

Analog Folk by Design Haus Liberty

随处可见的果酱瓶经过设计师的妙手，摇身一变成了精美的灯具。这些灯具造型独特、纯手工制作，而且散发着浓浓的工业风。克利纳（Iconic Kilner）果酱瓶灯是应客户的要求特别定制的灯具。

Analog Folk by Design Haus Liberty

该设计的主要理念是将安络福事务所的文化传统与数字化技术相结合，在与时俱进的同时展现公司的文化理念。比如，在茶水间的设计中，设计师通过运用定向刨花板和一些体现旧工业风的设计元素，使茶水间独具特色。

Analog Folk by Design Haus Liberty

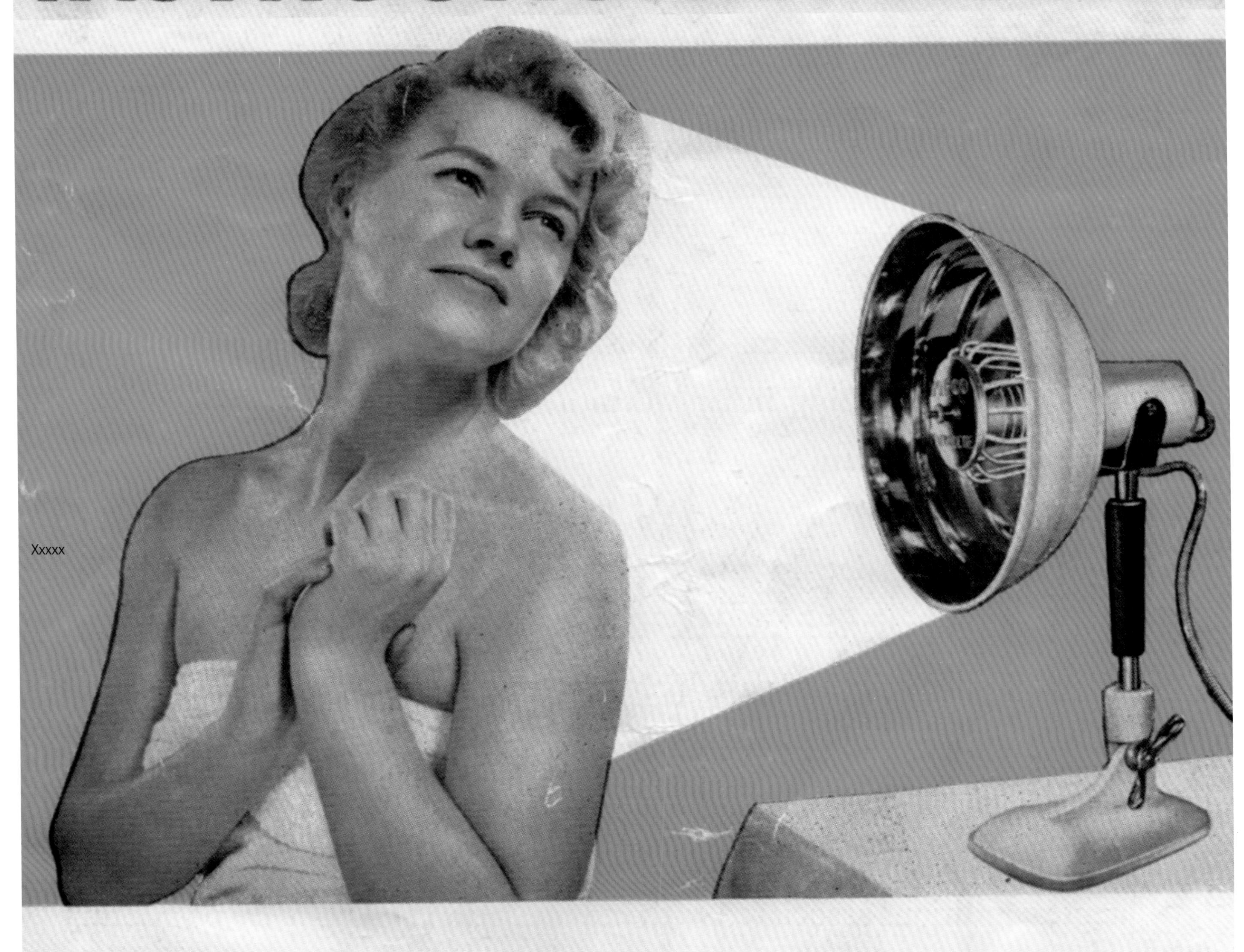

Xxxxx

Skinflint Design

Skinflint Design

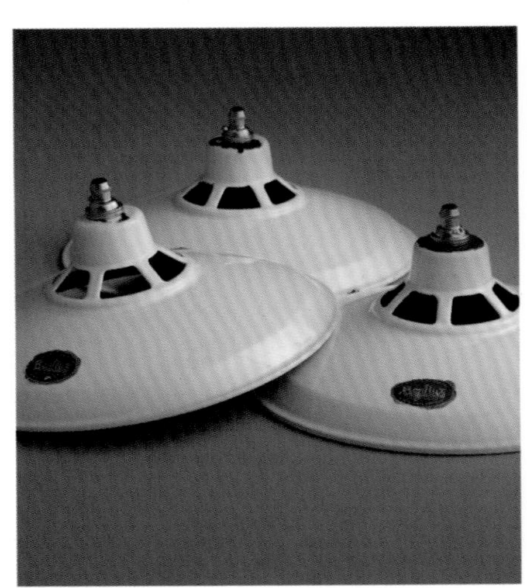

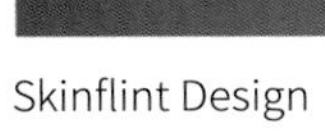

Skinflint Design

诞生于1950年的英国制旧工业风吊灯出自本杰明（Benjamin）品牌。该吊灯灯罩的材质为铸铁和钢，覆白色搪瓷涂层，上面的标签依然清晰可见：“贝内弗洛克斯（Beneflux）反射型灯具，产于英国，本杰明公司制造。”

Skinflint Design

Skinflint Design

Alexander & Pearl Ltd

MCZ Group S. p. A.

Skinflint Design

Daniel Hotel Vienna by Atelier Heiss Architects

Daniel Hotel Vienna by Atelier Heiss Architects

丹尼尔·维也纳酒店（Hotel Daniel Vienna）的空间布局十分独特。酒店一层不设前台，而是独具匠心地将该区域设计为酒吧、商店、面包房和休息室。之所以如此设计，是因为酒店的老板弗洛里安·韦策（Florian Weitzer）厌倦了豪华酒店的传统布局，他希望增添像丹尼尔面包房这样既实用又独特的区域，使酒店焕发出勃勃生机。

Shoreditch Lighting Co.

Analog Folk by Design Haus Liberty

Comercial by Skinflint / photo © Lee Mathews

Lithos Design srl

丽丝奥斯设计事务所（Lithos Design）一方面使用了拉斐尔·加利奥托（Raffaello Galiotto）的经典设计系列，另一方面也选择了具有旧工业风格的灯具。那硕大的铃灯、简洁的灯泡和体现旧工业风格的大理石地板，使历史感与时代气息完美结合。

Le Grenier

Restaurant & Bar Nazdrowje by Richard Lindvall / photo © Mattias Lindbäck

Le Grenier

Little Paris

Little Paris

斯特兰德·帕特23事务所（Strand Pattern 23）是世界上第一家批量生产灯具——特别是剧院照明灯具——的公司。1926年，阿瑟·厄恩肖（Arthur Earnshaw）和菲利普·谢里登（Phillip Sheridan）创办了该公司，其生产的灯具曾远销至纽约百老汇。今天，斯特兰德·帕特23事务所已经成为飞利浦公司（Phillips）的一部分。

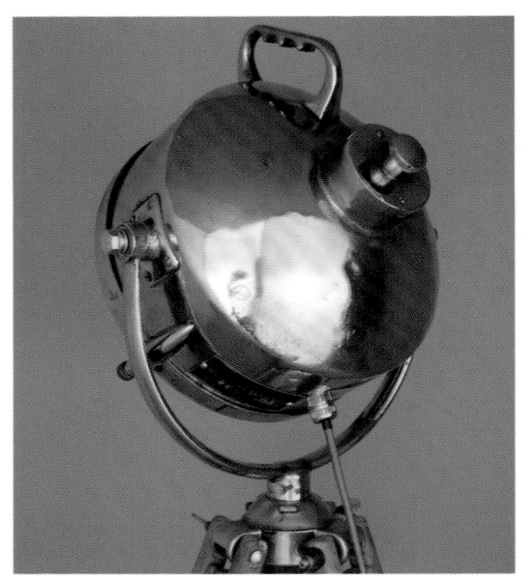

Skinflint Design

英国制弗朗西斯（Francis）聚光灯是由退役消防车的零部件改造而成。在制作过程中，要将抛光的铝插入木质的三脚架中。自 1901 年起至今，弗朗西斯探照灯有限公司（Francis Searchlights Limited）生产灯具的历史已经有 100 多年了。

Atelier Pfister

Karakoy Loft by Ofist / photo © Koray Erkaya (copyrighted by Ofist)

Chalupko Design

Atelier Pfister

YOYO

Artisanti Ltd

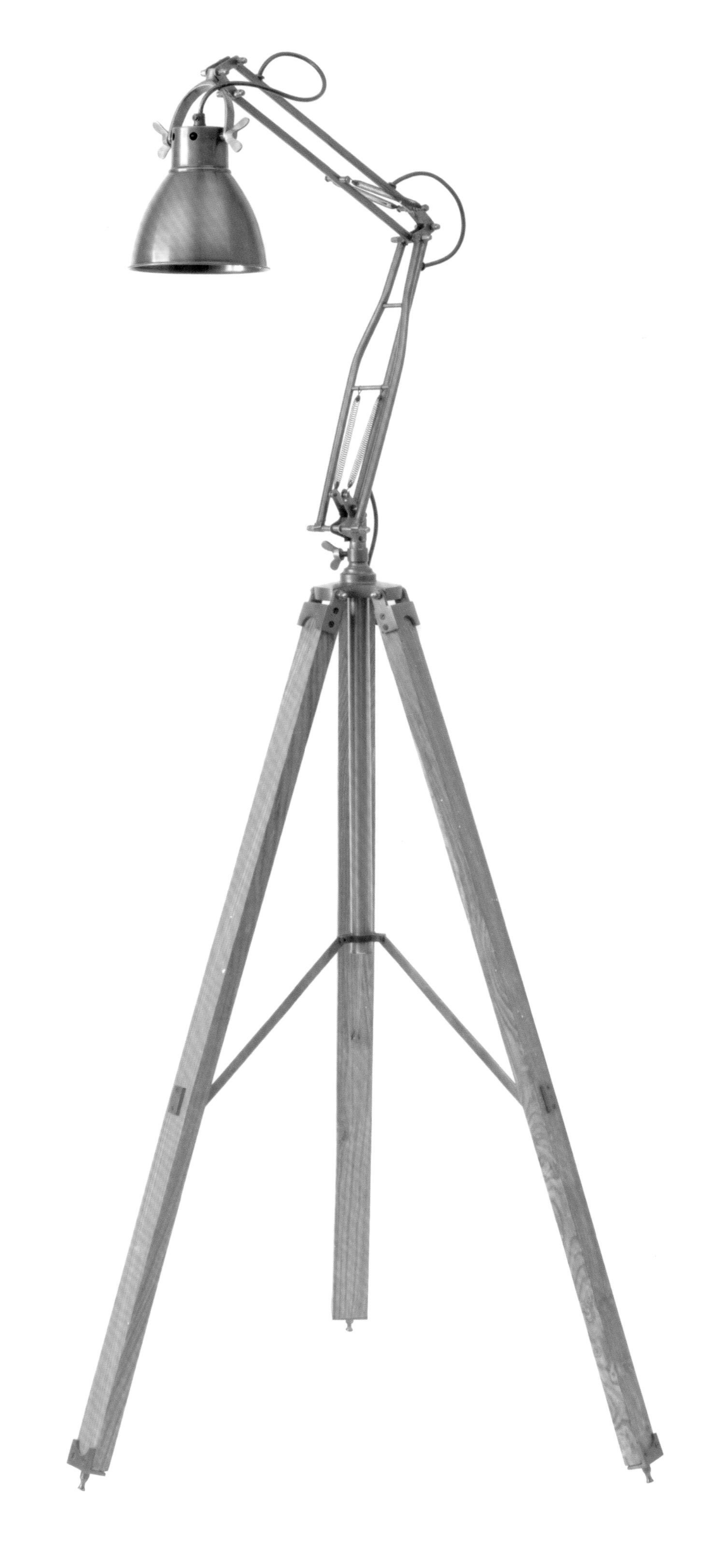

在那把棕褐色可堆叠式午休椅（NAP chair）边上，是由丹麦设计师卡斯珀·萨尔托（Kasper Salto）为弗利茨·汉森（Fritz Hansen）设计的灯具。该款灯的匠心独具之处便是将传统落地灯的灯座换成了可调节的木质三脚架。

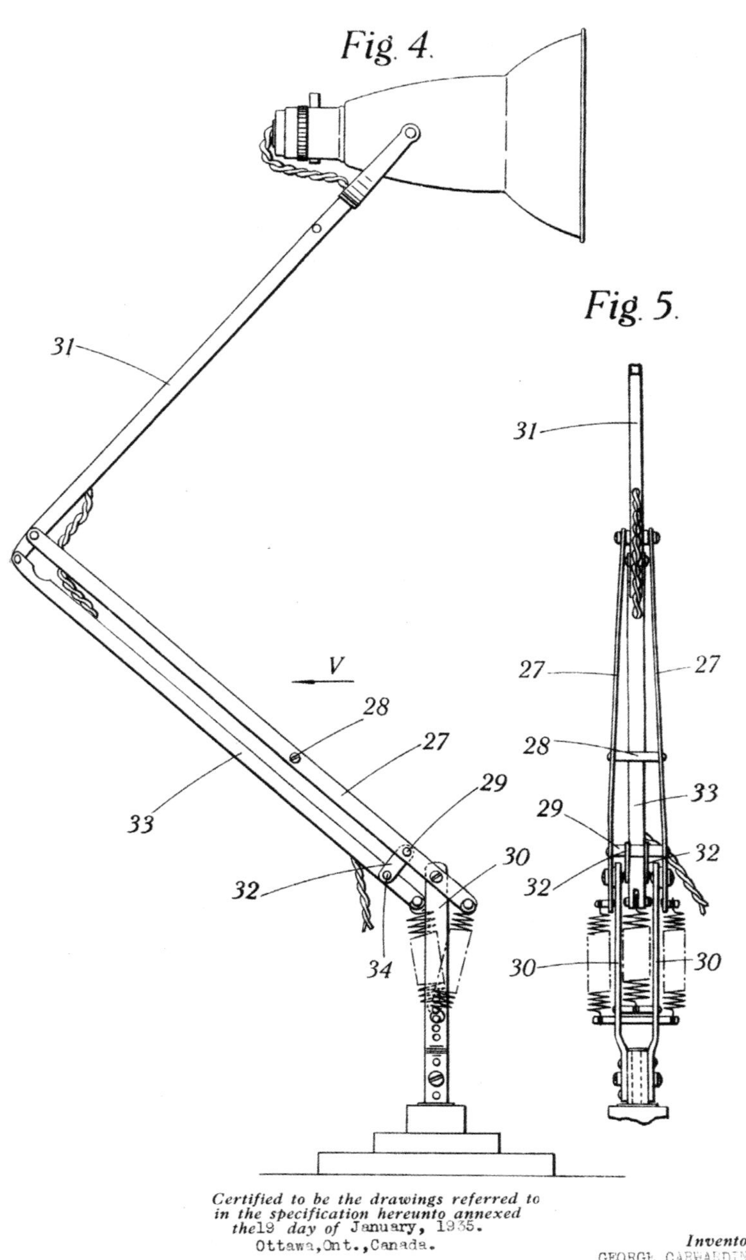

Fig. 4.
Fig. 5.
31
33
28
27
29
32
30
34
V
Certified to be the drawings referred to in the specification hereunto annexed the19 day of January, 1935.
Ottawa,Ont.,Canada.
Inventor
GEORGE CARWARDINE
By

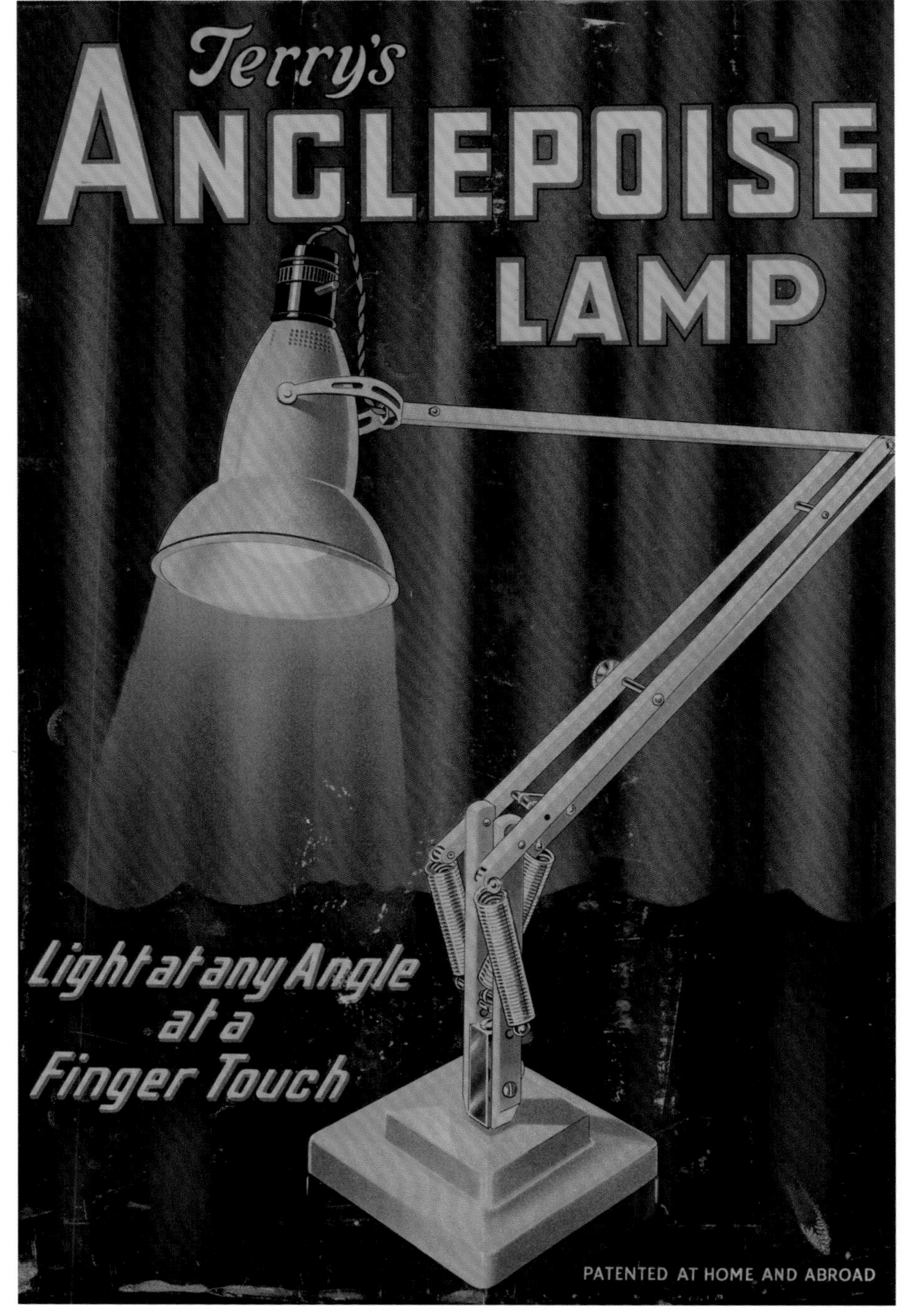

Terry's
ANGLEPOISE
LAMP
Light at any Angle at a Finger Touch
PATENTED AT HOME AND ABROAD

Anglepoise®

THE TERRY

Anglepoise Lamp

A finger touch puts it where you want it . . . here, there, anywhere . . . and it stays there—rock steady. Anglepoise (light at 1001 angles) needs only a 25 or 40 watt bulb. All good Electricians or stores. *Pat. all countries.*

Sole Makers:

Anglepoise®

Give them an Anglepoise this Christmas

Please them all with this wonderful lamp — even those who 'have everything' The Terry ANGLEPOISE is an amazing lamp — an any-angle lamp of a thousand-and-one uses . . . a thousand-and-one angles. You can push it out of the way, bring it closer, push it up and down . . . and all the time it stays *exactly where you want it*, throwing its fine light *where you want it*

Simply ideal for complying with A. R. P. regulations. No unwanted glare and it only needs a 25 watt bulb in place of the usual 60! *Saves eyestrain!* Marvellous for reading, sewing, or any close work. In black, cream, blue, green, red and old gold. 50/- the black model. Coloured models 58/6. (Prices U.K. only). Pat. home and abroad. DON'T PAY ANY MORE —WE HAVE NOT INCREASED OUR PRICES. All Stores and Electrical Establishments. Remember 'Only the Anglepoise can do what the Anglepoise does'

Send for our 'UTILITIES' Catalogue — full of extraordinary, novel and useful devices, making life easier for the housewife, mere male and the business world —novel toast racks, unique airing lines, trouser presses, smokers' companions, tool racks, clip-files, etc., etc.—unobtainable elsewhere

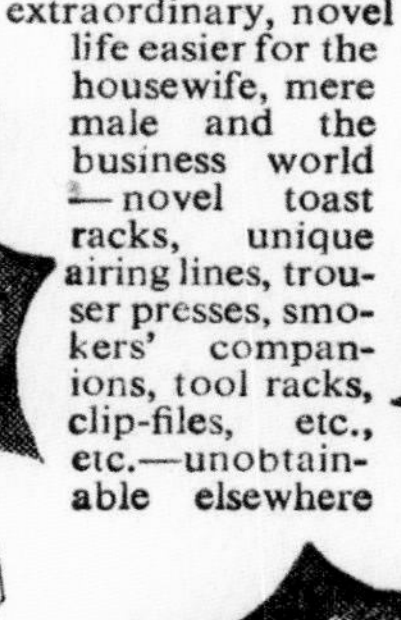

Uncle Jack

Gran

TERRY'S *Anglepoise* LAMP

Please send me particulars of Terry Anglepoise Lamps & your 'Utilities' Catalogue

NAME.................................

ADDRESS..............................

Herbert Terry & Sons, Ltd., Redditch
London: 27 Holborn Viaduct. Birmingham: 210 Corporation St. Manchester: 279 Deansgate

Countryman

1935 年，安格普公司曾推出过这款灯的家用版，1227 系列原版台灯的灯臂下方带有三个弹簧。这款黄铜（Brass）系列灯具采用的是铁质底座和可旋转的灯罩，特别是该款灯独特的灯臂设计使其在任何位置都可以平稳放置。

TECNOLUMEN®

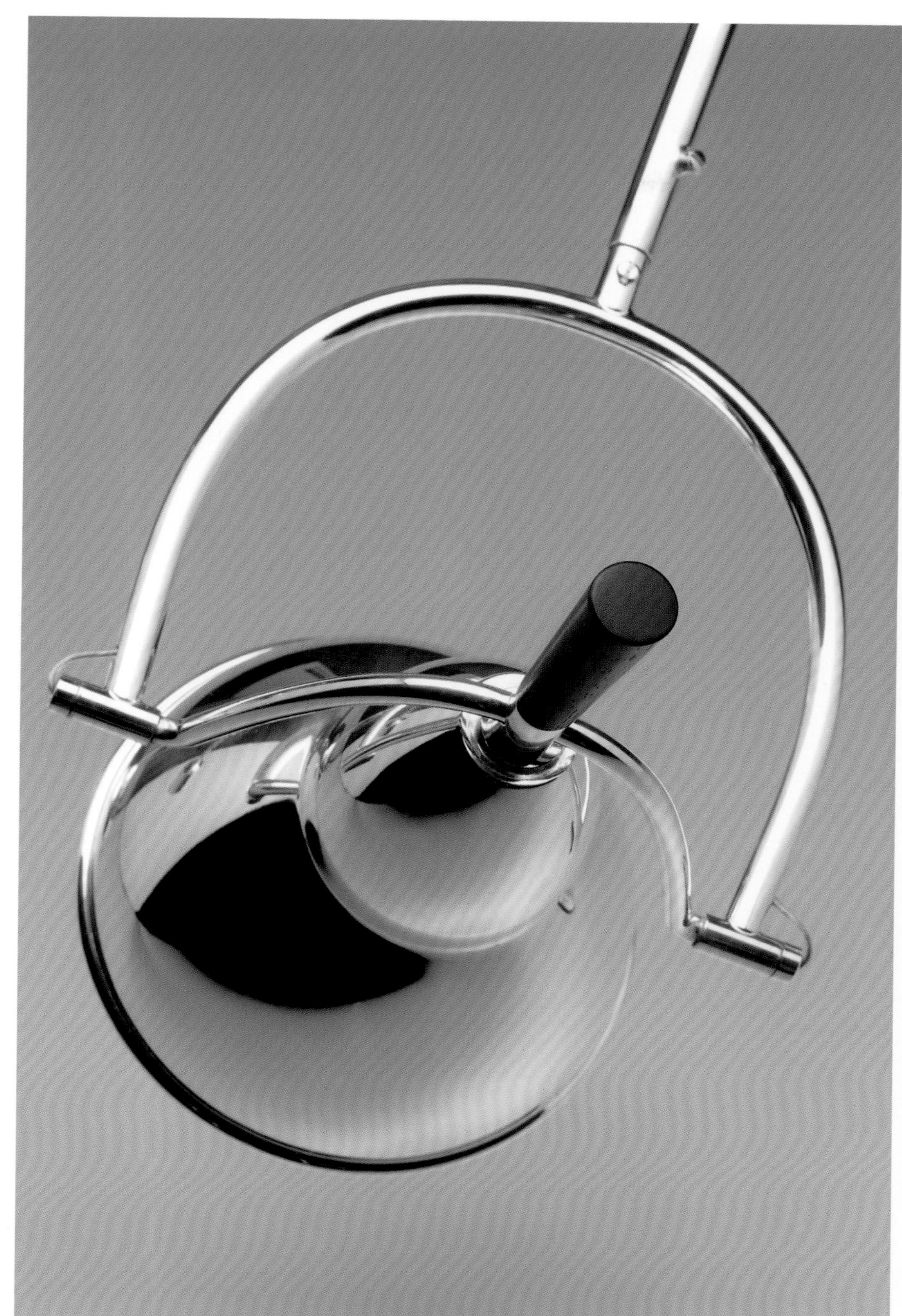

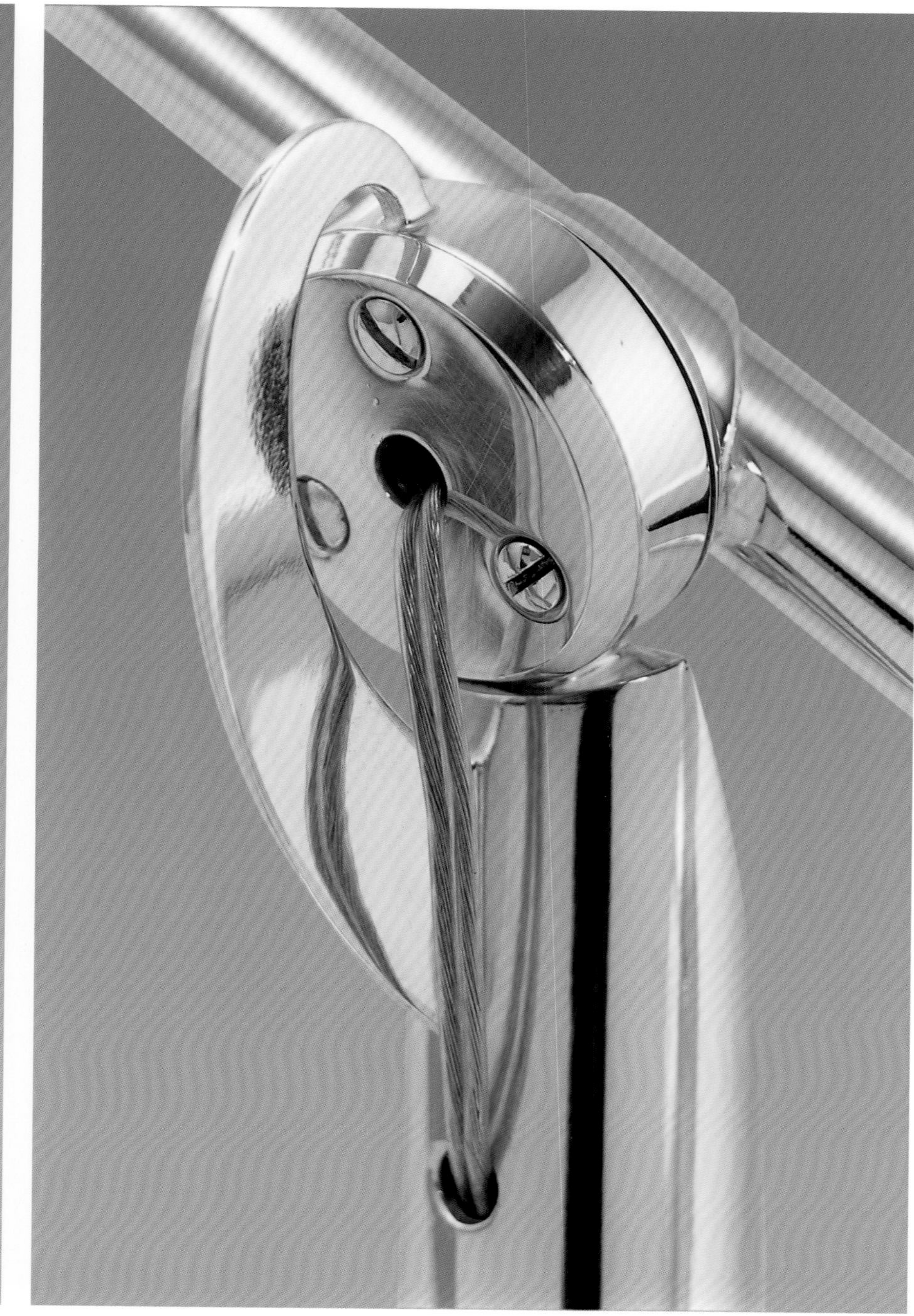

TECNOLUMEN®

1927 年，爱德华·维尔弗里德·比凯（Eduard Wilfried Buquet）曾设计过一款纯银灯具。若是单从制造的工艺而言，现在生产的这款特别版灯具可以看作是向之前那款纯银灯具的致敬之作。我们可以看到 1927 年版灯具中的木质灯座已经换成了金属材料。这款特别版灯具标有连续的序号、泰克鲁门公司（Tecnolumen）的独有标志和“925”字样。

Skinflint Design

IN-SPACES Marketplace

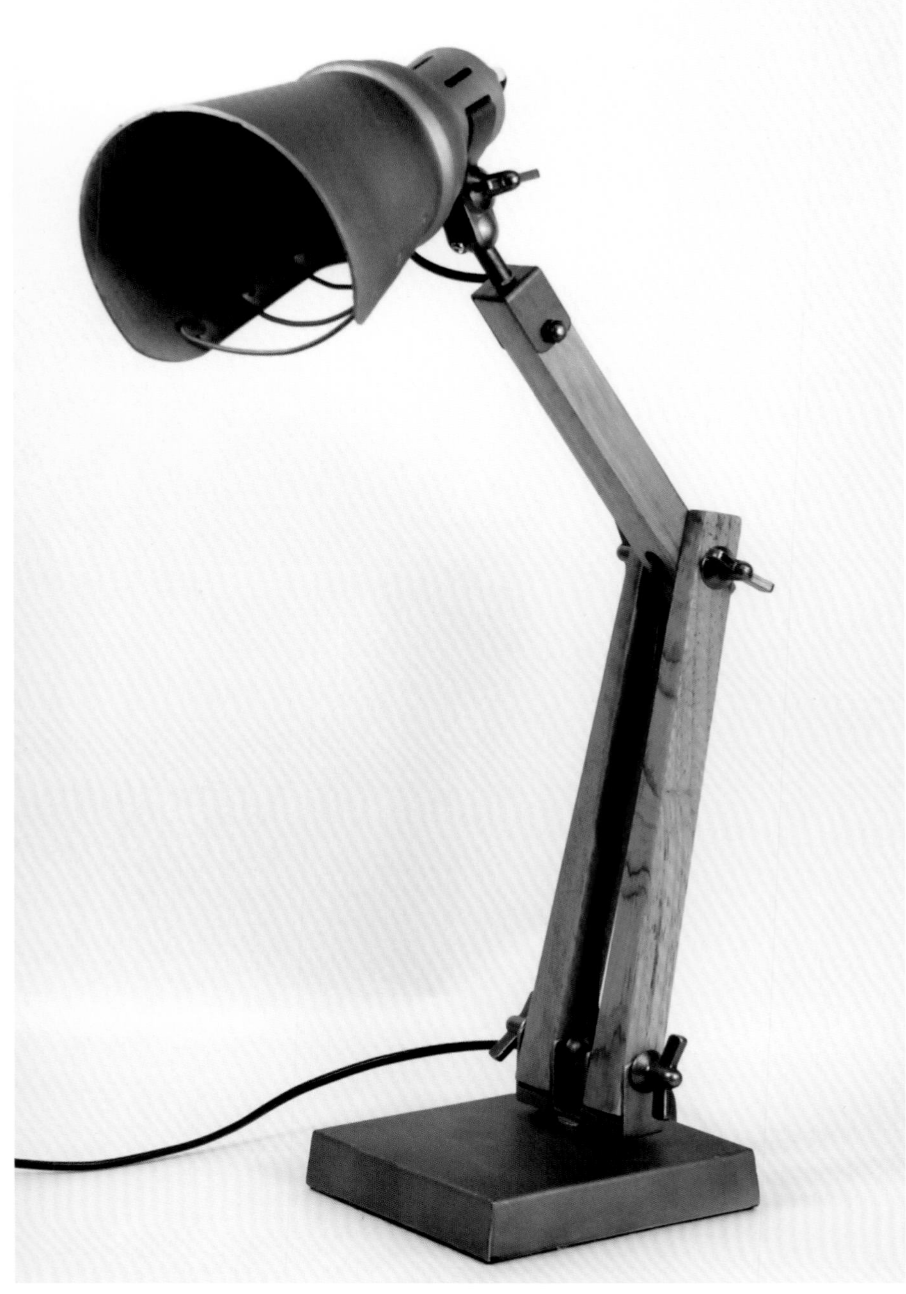

Cranmore Home

电报灯的设计既体现了旧工业风特色，同时也兼具现代工业生产的优势。在一根可调节的木质灯臂两端分别连接上金属灯罩和灯座，电报灯的制作就大功告成了。这既是对工业风审美的认同，也在一定程度上保留了现代设计的功能性特征。

Le Grenier

除了照明，由于其简洁小巧的设计造型，梅奥拉（Meola）灯具还扮演着装饰品的角色。该款灯的铜制灯架是手工制作而成的，灯罩是铝制的，而底座则是铸造的。

Delightfull

Fritz Hansen

Skinflint Design

KAISER idell™ / Fritz Hansen

今天的凯泽灯（KAISER Idell lamp）早已是一款经典之作，但该款灯被家喻户晓却要追溯到20世纪60年代的德国电视剧《探员》（*Der Kommissar*）。在这部剧中，凯泽灯还获得了“探员之灯”的名号。

1stdibs®

1stdibs®

1932 年，为了与安格普灯具有所区分，哈德里尔（Hadrill）和霍斯特曼（Horstmann）决定合作设计一款具有平衡机制的台灯。正是凭借这款设计独特又制作精良的台灯，二人从众多设计师中脱颖而出。

Fritz Hansen

&tradition

Cranmore Home

拉斯金（Ruskin）台灯是第八区设计事务所（District Eight Design）的最新力作。结实的木质灯座、滑轮、可调节的铁质控制杆和灯泡，以及可拆卸铜质灯罩……旧工业风特色在这样的设计中体现得淋漓尽致。

District Eight Design

Atelier Pfister

理查德·萨珀（Richard Sapper）设计的作品是纽约现代艺术博物馆(MoMA) 的永久馆藏。尽管这些作品的完成时间并没有多么久远，但在设计上却具有开创性意义：该款灯的变压器位于灯座底部，电流通过灯臂中的电线传送到卤素灯泡。目前，这款灯具的制造商为阿尔忒弥斯灯具公司（Artemide）。

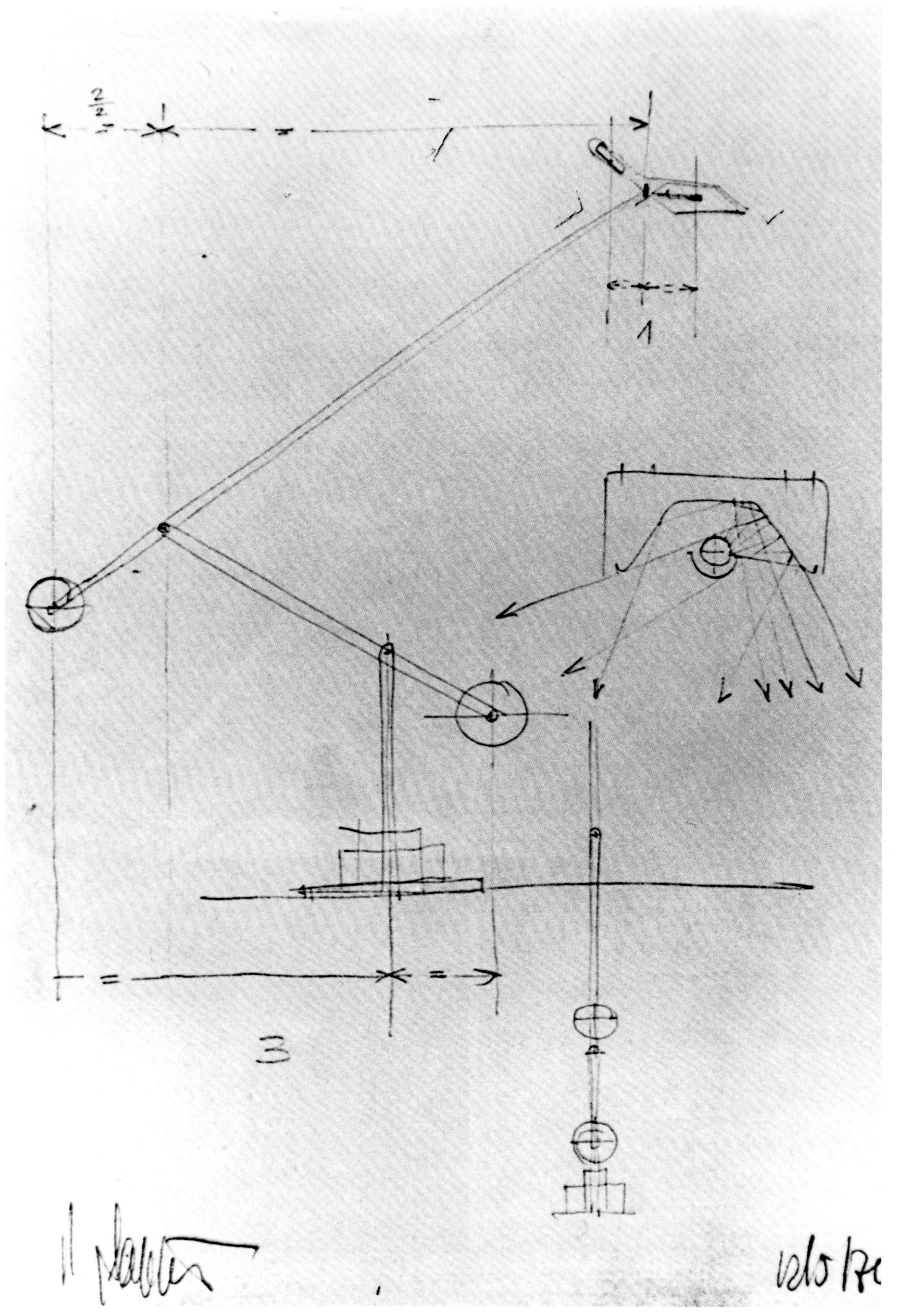

Artemide Inc.

Industrial Loft by Diego Revollo Arquitectura / photo © Alain Brugier

JIELDÉ - Little Paris / photos © Lionel Perrin-Domecq-Caroline Cabanis

Fritz Hansen

由于在市场上无法找到符合要求的灯具，让-路易·多梅克（Jean-Louis Domecq）便亲自设计了一款灯。该款灯为铰接式，造型简洁且十分耐用，仅仅凭借最终的设计图纸便可投入生产。20世纪90年代，由于其在灯座、色彩等方面鲜明的工业风特点，该款灯赢得了“标准”（base）的美誉。工业风，现在也被称为“Loft风”。

Humlebaed House by Norm Architects

JIELDÉ - Lionel Little Paris / photos© Perrin-Domecq-Caroline Cabanis

Lampe Ajustable GRAS

RÉFLECTEUR RATIONNEL

(Breveté S. G. D. G.)

I. - Réflecteur simple

La répartition lumineuse du "REFLECTEUR RATIONNEL" se fait sous un angle de 90° environ. Dans cette Zone la puissance de la Lampe est fortement augmentée. Ce réflecteur convient donc particulièrement pour l'éclairage individuel et celui des Machines-Outils, car masquant le foyer de la lampe, il évite à l'ouvrier tout "faux jour" et **la fatigue que cause toujours un réflecteur mal construit.**

II. - Courbe des intensités lumineuses

III. - Réflecteur réglable

Le "REFLECTEUR RATIONNEL" se construit en deux modèles :

1° Fixe, figure I.

2° Avec disposition de reglage permettant la mise au foyer de tous types de lampes.

Lampe Ajustable GRAS

Lampe ajustable GRAS N° 200 *Type Machine-Outil*

La Lampe ajustable GRAS, type machine-outil répond aux exigences de l'organisation actuelle des Usines.

Grâce à la rotule et aux genouillères dont elle est munie, l'ouvrier peut d'une seule main lui faire prendre toutes les positions indispensables lui permettant de voir, sous le jour voulu, la pièce qu'il usine.

Il ne s'agit pas, pour avoir un **bon éclairage,** de fournir la **plus grande quantité de lumière** ; il suffit d'en fournir à celui qui en a besoin assez pour qu'il puisse voir et à bon escient. Chaque machine-outil et à l'établi chaque étau doit avoir sa lampe particulière afin que l'ouvrier soit toujours assuré de trouver la lumière à portée de sa main au moment du besoin. Il doit diriger sa lumière comme il dirige sa machine.

La lampe ajustable GRAS **réalise** ce problème.

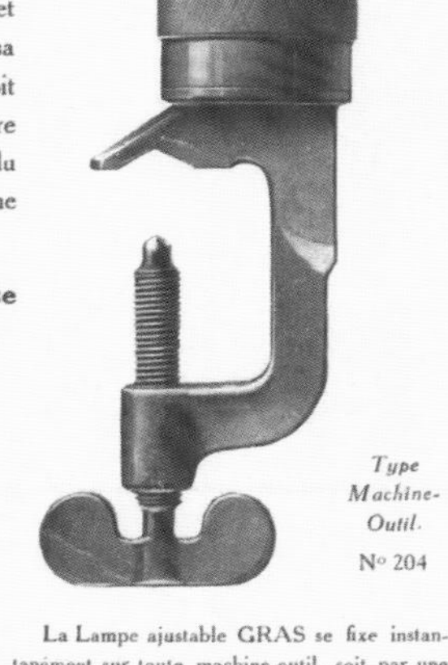

Type Machine-Outil. N° 204

La Lampe ajustable GRAS se fixe instantanément sur toute machine-outil, soit par une pièce en T (n° 200), soit par une happe (n° 204).

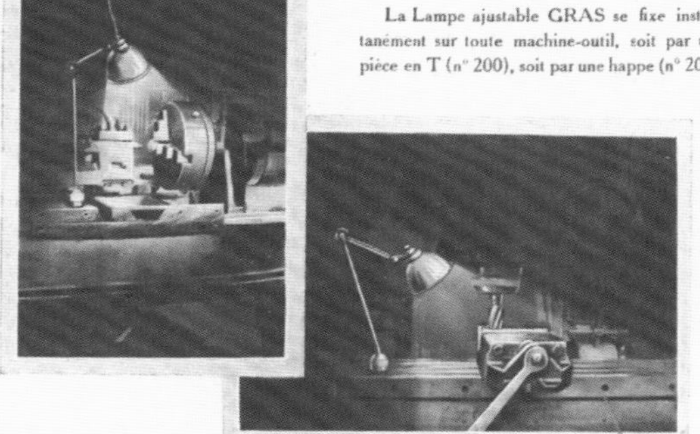

Lampe Ajustable GRAS

N° 201

Type "BUREAU DE DESSIN"

La Lampe type "Bureau de Dessin" se fixe directement sur la table à dessin.

Le pied portant la rotule est incliné à 30°, la tige principale peut prendre toutes les positions, de 0 à 90°.

Ce type est également adapté aux besoins des Horlogers et Bijoutiers.

Lampe Ajustable GRAS

N° 202

Type "MURAL"

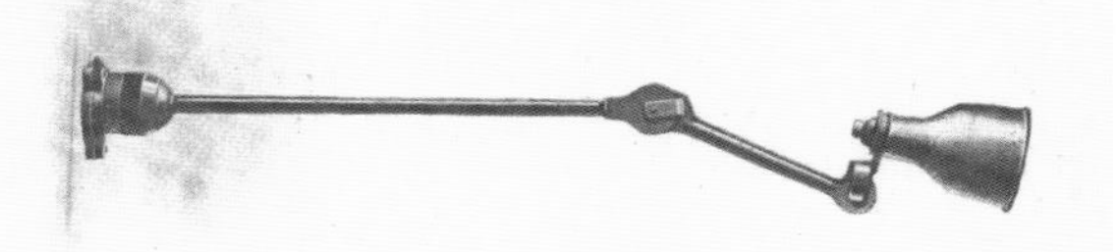

La Lampe 202 est fixe et permet un grand nombre d'utilisations

CLINIQUES

MEUBLES CLASSEURS
:: :: VERTICAUX :: ::

ÉTALAGES, etc.

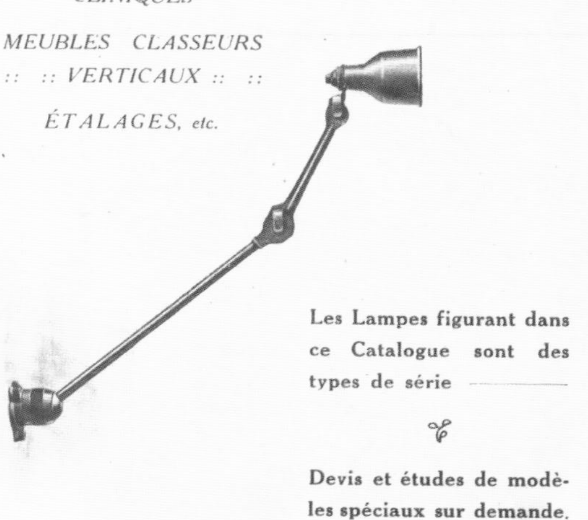

Les Lampes figurant dans ce Catalogue sont des types de série

Devis et études de modèles spéciaux sur demande.

Lampe Gras ™ - DCW éditions

1921 年，伯纳德 - 阿尔宾·格拉斯（Bernard-Albin Gras）设计了一系列用于办公室和工业领域的灯具。这款后来被称为格拉斯（GRAS）的灯由于其简洁且符合人体工程学的设计特点而备受瞩目。该款灯的底座部分没有一颗螺丝钉，也没有一个焊接点。在勒·柯布西耶 (Le Corbusier) 的办公室和设计作品中，格拉斯灯的身影随处可见，大放异彩。

Little Paris

Lampe Gras ™ - DCW éditions

Lampe Gras ™ - DCW éditions

Lampe Gras ™ - DCW éditions

District Eight Design

第八区设计事务所将铝制壁灯与谢菲尔德 5 号（Sheffield 5）书架完美结合，设计出了一款融木材、金属和铸铜于一体的灯。该款灯的设计可以使其中的金属部分避免因氧化而生锈。

Kaiser Idell ™ Scissor Lamp，Fritz Hansen

这款灯臂可调节的铰接式壁灯诞生于 1930 年的德国。制造该款灯的材料均回收自铁路工业的废旧品。这些废旧品原有的表面涂层赋予了该款灯与众不同的色泽，极好地彰显了其工业风的特点。

Skinflint Design

格拉斯 304 号灯（GRAS No.304）是一款带有悬臂的壁灯。该款灯诞生于 1922 年的法国，其设计初衷是为厨房、浴室等提供一种不太强烈的辅助性光源，或者是作为夜灯使用。该款灯共有 3 种型号，分别为 No.304（无灯座、无开关、隐藏式电线）、No.304SW（配有灯座、开关，隐藏式电线）和 No.304CA（配有开关和非隐藏式电线）。

Lampe Gras ™ - DCW éditions

District Eight Design

House Doctor

House Doctor

CB0680 和 CB0685 是黑、灰两种不同颜色的铁质壁灯，且都配有铰接式灯臂。这两款灯由丹麦的房博士设计工作室（House Doctor）负责设计和经销。

CC0

有些灯具的制造原料是日常生活中废弃的小物件，比如说废旧的铜管和电影放映机等。正是这些独特的原材料使这些灯具真正具有了旧工业风的特点。

Usine by Richard Lindvall / photos © Mikael Axelsson & Johan Annerfelt

贾森·赫林的阁楼

（JASON HERING LOFT）

设计

勒妮·阿恩斯（Renee Arns）

摄影

勒妮·阿恩斯

经过设计师勒妮·阿恩斯的精心设计，仅仅两周后，这个位于斯特瑞普（Strijp-S）原工业区的阁楼便散发出浓浓的家的温馨。斯特瑞普以前是飞利浦公司的所在地，现在已被改造成埃因霍温（Eindhoven）的设计中心。这个阁楼改造计划的核心便是保留建筑物原有的规模和其充满历史感的工业特色，因此不管是高耸的天花板、老旧的水泥地板还是那硕大的窗户，都原封不动地被保留了下来。

整个设计采用开放式的平面格局，进门处一间宽敞的厨房将这个87平方米的空间分隔开来。先前电梯所在的位置则被改造成了洗手间和浴室。

黑、白、灰三种色调搭配木质家具，极好地展现了贾森的想法——舍弃所有炫目的色彩，不遮掩建筑物原有的工业特色，并采用黑白色调来凸显这种特色。

Σ' ΑΓΑΠΩ
ΠΟΛΥ

彼德拉·雷格之家

（PETRA REGER HOME）

设计

彼德拉·雷格

摄影

彼德拉·雷格

这套面积为 145 平方米的公寓属于设计师彼德拉·雷格及其家人。该公寓位于肯普滕市（Kempten）一栋大楼的三层。该建筑物是新艺术运动（德语为“Jugendstil”）的产物。公寓的设计具有鲜明的旧工业风特色，而且在一定程度上保留了先前建筑的设计元素。例如，书房便保留了阿尔内·雅各布森系列 7（Arne Jacobsen's Series 7）和潘通椅（Panton Chair）等十分经典的设计作品。

揭去原有的墙纸，迎面而来的便是大片灰色的石膏墙面。房间的门甚至连门把手都保留了之前的设计，木地板也保留了之前红色的人字形图案。

设计师出于对中性色调的喜爱，在设计中使用原木，营造出一种温馨宁静的感觉，而这正是一个家所必不可少的。彼德拉之前曾在加拿大生活过八年，那些独具工业风的灯具就是她特意从加拿大带回来的。

作为一个古董店常客，彼德拉还特意从跳蚤市场淘回了一些家具。而其他一些像是影院座椅等十分独特的物件，则是她通过网络从柏林的私人藏家处购买的。当然也不是所有的家具都如此与众不同，客厅的灯具便是常见的批量生产的产品。

查斯科穆斯的工业化牧场

（INDUSTRIAL FARM IN CHASCOMÚS）

设计

卡洛琳娜·佩里奥特·布赫（Carolina Peuriot Bouché）

摄影

哈维尔·切奇（Javier Csecs）

客户要求：一是要能给人一种翻新的牧场的感觉；二是要营造出一种梦幻的氛围；三是要在设计中体现大自然的感觉，同时兼具历史感。于是，设计师便将工业元素与田园风格相结合，选用了一些田园风与时代感并重的家具。

设计的主要空间是一个两层的区域，包括一间卧室和一间游戏室。卧室中配有工业式壁炉。游戏室的面积虽不大，却配有一张台球桌。设计师将厨房设计成一个单独的空间，给人一种视觉上的延伸感。

砖墙和人字形屋顶的木质横梁采用做旧的方式营造出一种年代感。屋顶则是金属（主要是铁）和木头的天下：黑色的木器、回收利用的家具和具有旧工业风格的灯具。这所有的一切组合在一起，便是客户所希望的“翻新牧场”的感觉。

INDUSTRIA
ARGENTINA

Makor

赫斯特餐厅

（HÖST）

设计

诺姆建筑师事务所（Norm Architects）

摄影

约纳·比耶勒－波尔森（Jona Bjerre-Poulsen）

诺姆建筑师事务所

赫斯特餐厅是由诺姆建筑师事务所、曼纽设计师事务所（MENU Designers）和可可福事务所（Cocofo）联袂设计的作品。其意在哥本哈根的中心地带打造一间独具北欧田园风情的都市餐厅。在设计中，传统和现代相得益彰，每一个设计元素都强烈地刺激着客人的感官。

诺姆建筑师事务所和曼纽设计师事务所还另外合作设计了餐厅的餐具。餐厅中种类繁多的物件、原材料，甚至是各种不同的色调，混合着木质元素的温暖，营造出一种永恒的传统之美。

看那天花板上的铰接式灯具、铃灯和悬挂在天花板上的灯泡，整个设计中的灯具虽都为工业风，但却同中有异。灯具一律为黑色，以此来打破极简主义的平衡以及颜色的局限性。

室内花园的设计和对废旧材料的再利用体现出设计师注重环保的设计理念。这些回收利用的材料包括废旧木板、工业灯具和一些从废弃医院拆除的窗户等。

TOLIX®

坐 具

工业革命之后兴起的现代主义运动，追求的是一种机械式的素朴之美。在现代主义运动中，所有华而不实的装饰皆被舍弃，实用性开始成为重中之重。由于设计和生产都渐渐趋于工业化，再加上木材已经不再是制造椅子的首选原材料，因此在过去的一个世纪中，坐具已经发生了翻天覆地的变化。其蜕变之旅从 19 世纪的托耐特曲木椅（Thonet chair）一直持续到 20 世纪中叶的人体工学椅。今天，那个时代的大部分坐具——不管是像托利克斯（Tolix）椅这样的经典之作，还是其他一些无名之作，都可以轻而易举地找到仿制品。不仅如此，运气好的话，你甚至可以在古董店或是跳蚤市场淘到真品。

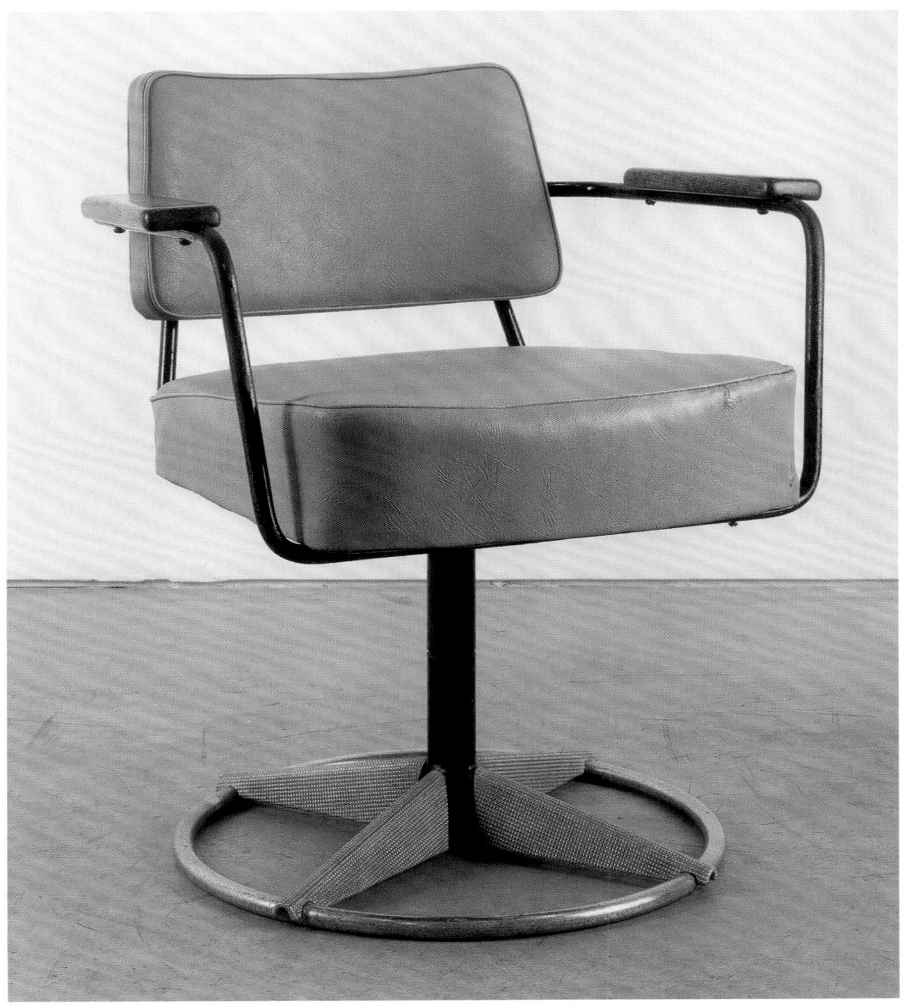

© Galerie Patrick Seguin

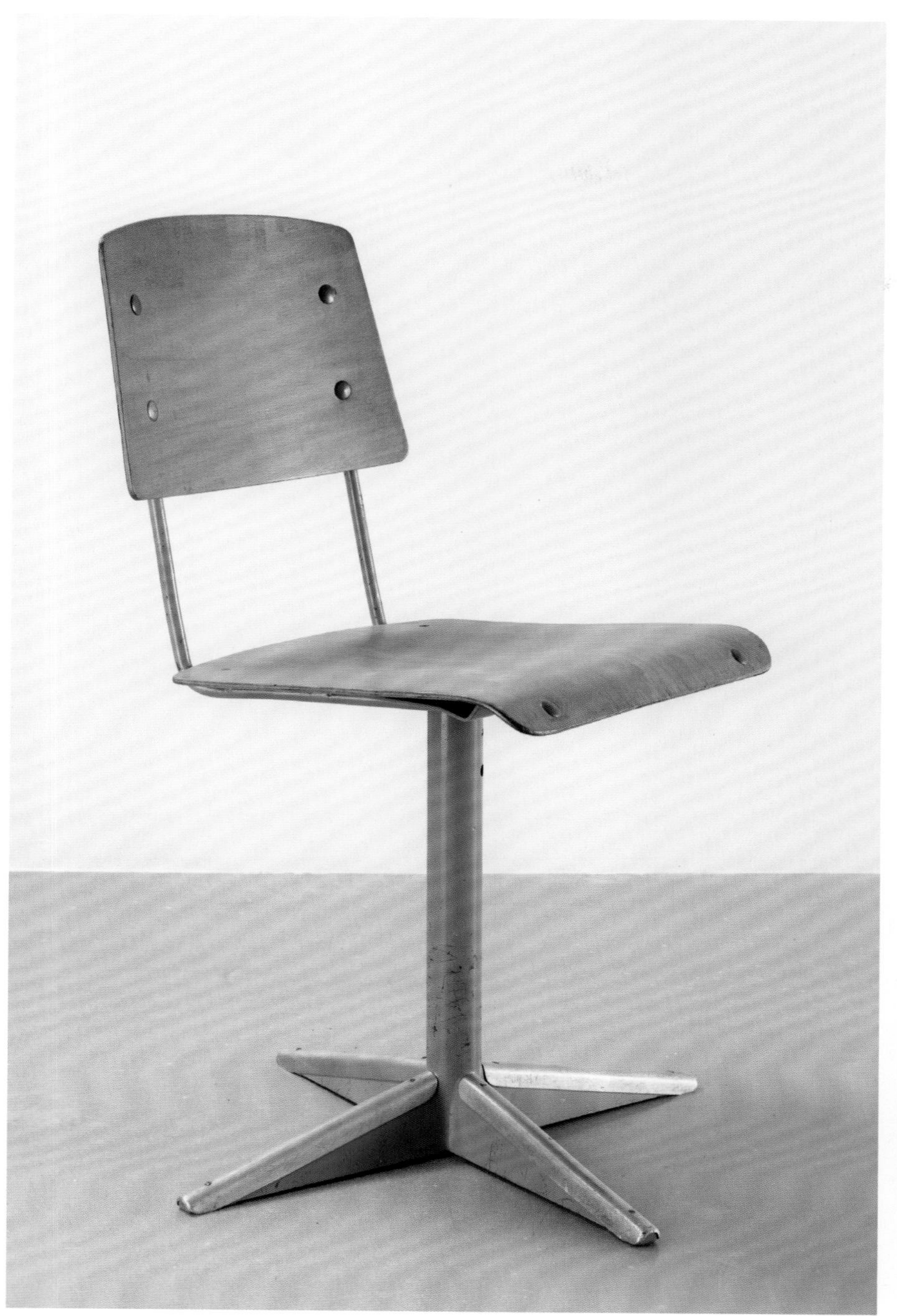

© Galerie Patrick Seguin

让·普鲁韦（Jean Prouvé）兼具设计师和工程师的双重头衔，其一直致力于研究增强椅子后腿的承重性能。当人坐在椅子上时，其上半身的重量大多要由椅子后腿来承受。因此，尽管椅子前腿由钢管制成，十分灵巧，但后腿却特意设计得十分粗重。自2002 年以来，这款椅子一直由维特拉公司（Vitra）进行再生产。

Riguë

西俊设计工作室（Ciguë）为 104 大桌子餐厅（Les Grandes Tables du 104）选用的椅子是先前一款经典折叠椅的仿制品——由直径为 6 毫米的钢管、榉木椅背和环氧树脂通过焊接形成的独特的曲面结构。该款椅子最初诞生于 1947 年的巴黎，出自设计师加斯顿·卡瓦永（Gaston Cavaillon）之手。

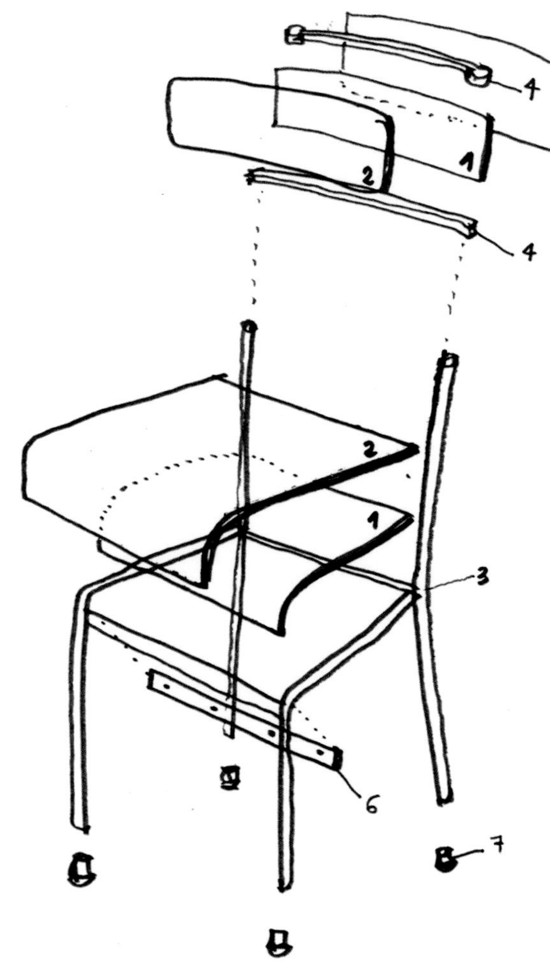

Ciguë

Andreu World

Andreu World

THONET GmbH

托耐特公司设计的曲木椅凭借其独特的设计结构而成为经典之作。型号为 209 和 214 的曲木椅只由六部分构成，造型十分简洁。作为该款椅子的狂热粉丝，勒·柯布西耶认为“这款曲木椅给人一种高贵之感”。在他的许多建筑作品中，该款椅子的身影随处可见。

THONET GmbH

Rockett St George

Rockett St George

带有铜制铆钉的旧皮制品绝对是体现餐椅旧工业风的绝佳之选。该设计的灵感来源于 1960 年夏洛特·佩里安（Charlotte Perriand）为莱萨尔克滑雪场（Les Arcs）设计的一款椅子。在这款椅子的设计中，设计师将镀铬管的结构之美与皮革的温暖感完美结合在一起。

Vincent and Barn

Little Paris

Fredericia

Journey East

布拉布拉（Bora Bora）沙发绝对是当时具有开创性意义的经典之作。

AF ALLIANCE FURNITURE

Small Diamond Chair, Harry Bertoia Design, Courtesy of Knoll

Small Diamond Chair, Harry Bertoia Design, Courtesy of Knoll

Small Diamond Chair, Harry Bertoia Design, Courtesy of Knoll

“我开始更多地依靠自己的亲身体验，会试着想，如果是我的话，想要什么样的椅子。”哈里·伯托埃（Harry Bertoia）说道。尽管早在1950年，哈里便设计出了以弯曲金属杆为材料的伯托埃单椅（Bertoia Side），该款椅子名噪一时并由诺尔国际（Knoll International）申请了专利，但直到2005年，非对称休闲椅（Asymmetric Loung）才真正称得上是哈里的第一款满意之作。

Le Grenier

Fritz Hansen

Little Paris

Le Grenier

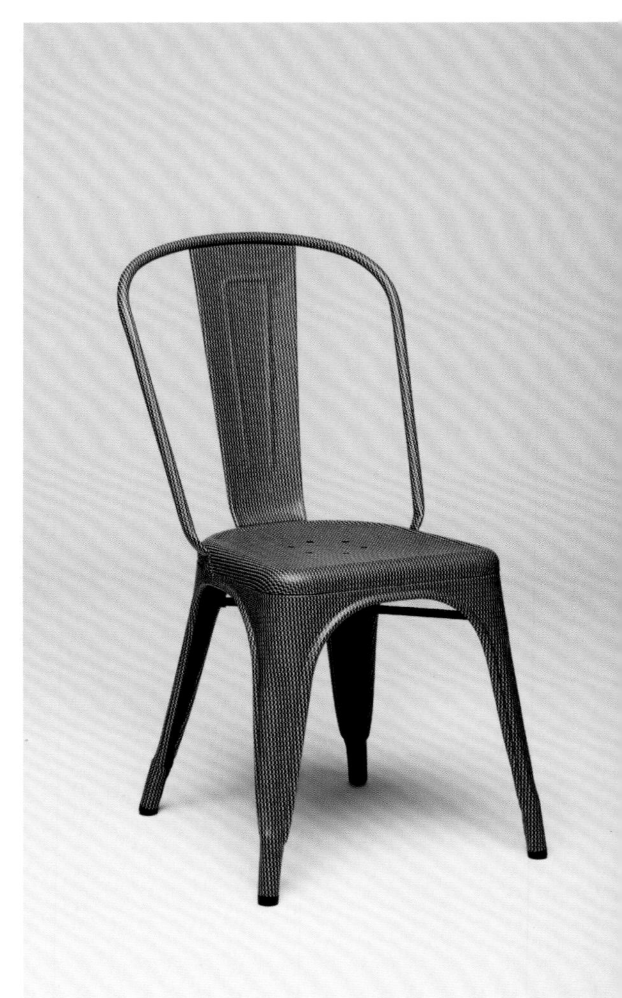

TOLIX®

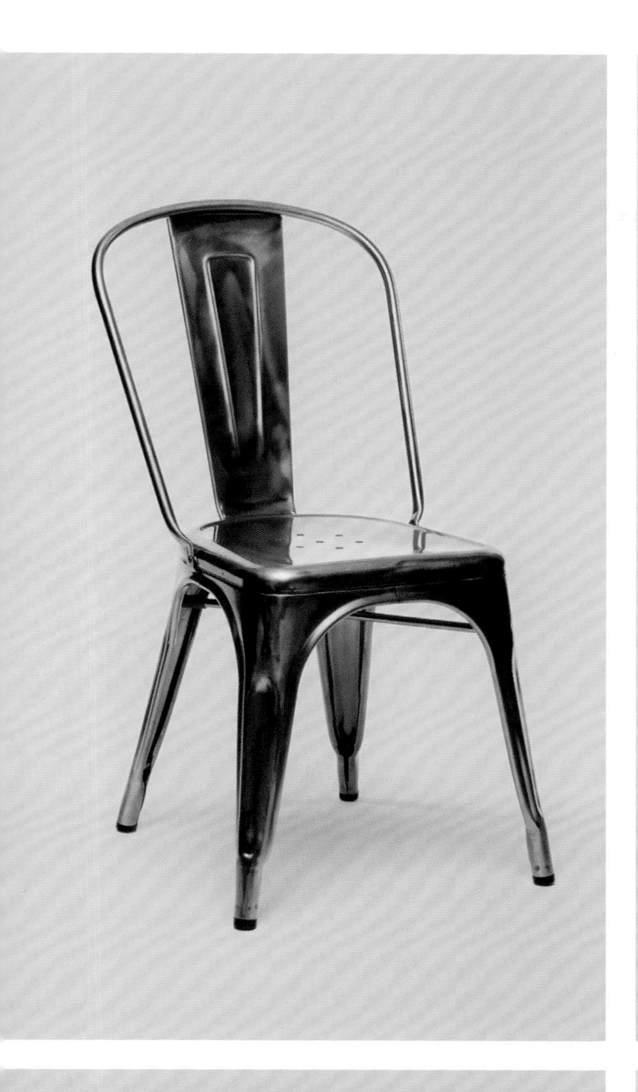

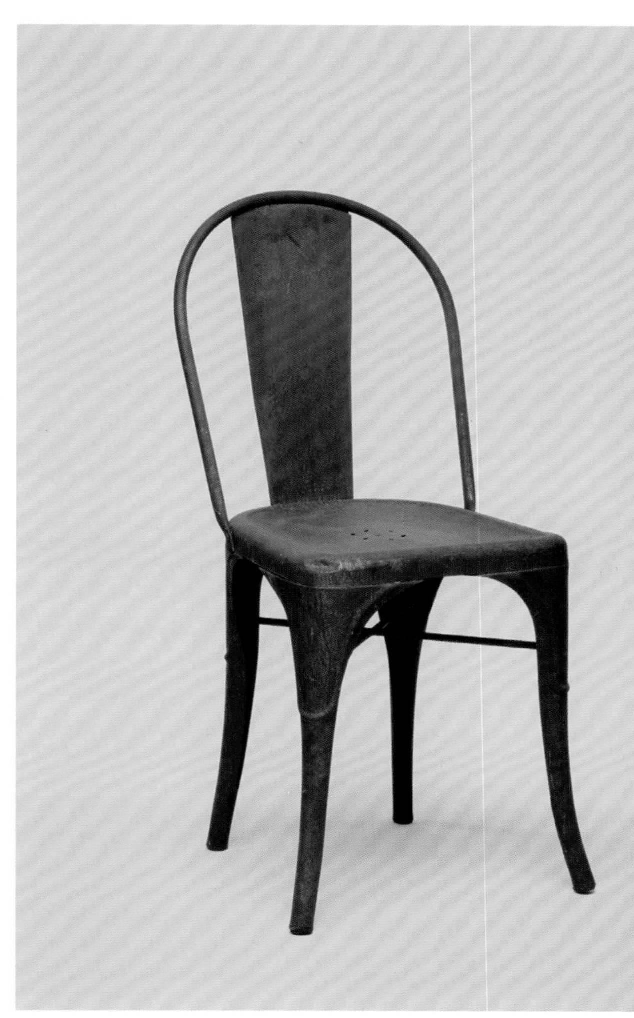

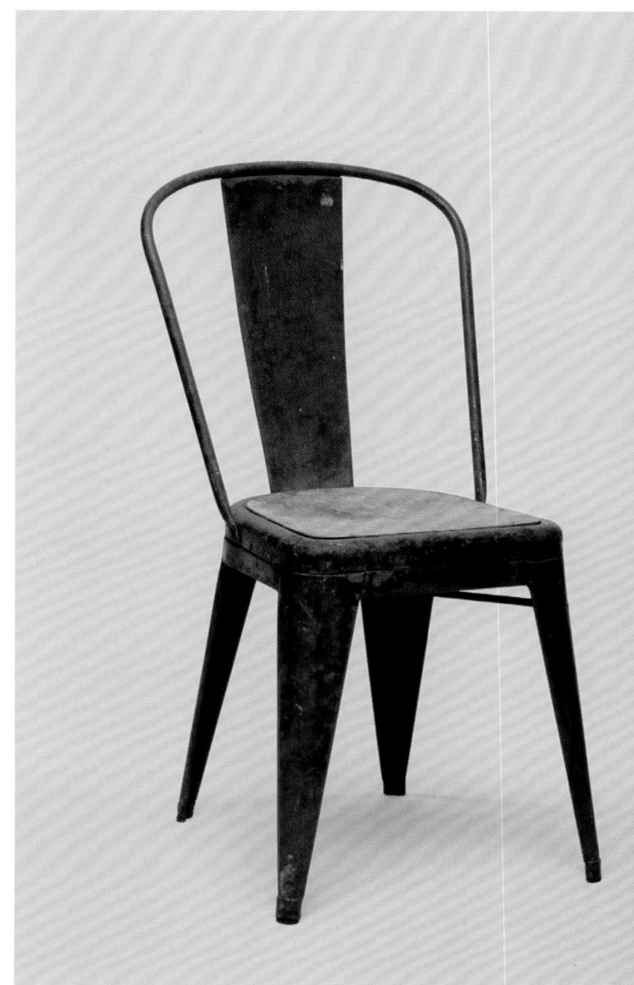

TOLIX®

Le Grenier

出自设计师托利克斯之手的经典之作 A 号椅（A Chair）从诞生到今天已经整整 80 年了。在其诞生地法国欧坦（Autun），该款椅子依然采用集中化生产。两次世界大战之间，它曾被改造成工业化设计的代表作。然而，今天的 A 号椅却与旧工业风室内设计上演了一场动人的邂逅。

Wilson
industrie
TEL.78.80.58.40
TOLIX®

Alexander & Pearl Ltd

在镀锌工艺的发展中，沙维尔·波沙尔（Xavier Pauchard）不仅是一位先锋，还充满着远见。其设计的家具老少皆宜，广受欢迎。这款椅子诞生于 1934 年，到今天已经有 45 种不同的颜色和 5 种不同的样式可供选择。

翻开苏鲁比尔家具公司（Surpil）和可堆叠式家具的历史，一位名为亨利 - 朱利安·波尔谢（Henri-Julien Porché）的法国设计师备受瞩目。自 1927 年以来，波尔谢便一直致力于金属家具的设计。在一款椅子的设计中，他仅仅用两根金属管便设计出了一把造型简单且承重良好的椅子，真正做到了集功能性和设计美感于一体。

LES MEUBLES SUPERPOSABLES

SURPIL

SOCIÉTÉ A RESPONSABILITÉ LIMITÉE AU CAPITAL DE 4.000.000 DE FRANCS
Registre du Commerce : 235.902 B. — Registre des Producteurs : I.029 Seine C.A.O.

MOBILIER MÉTALLIQUE
—
CINTRAGE DE TUBES

TOLERIE INDUSTRIELLE
—
TRAVAUX SUR PLANS

MEUBLES
POUR
BUREAUX
RÉFECTOIRES
ÉCOLES
HOPITAUX
CAFÉS
TERRASSES, etc.
Modèles Brevetés et Déposés

15, rue de Normandie — 12, rue Sébastopol
COURBEVOIE (Seine) — Téléphone : DÉFense 26-97

I. — CHAISES - FAUTEUILS - TABOURETS

DCW éditions

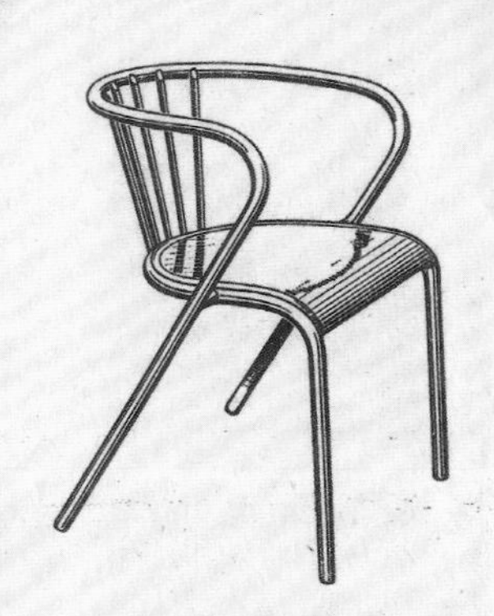

F. S. B. Dossier tubes, siège métal, contreplaqué, simili-cuir ou rotin. Tubes laqués ou chromés.

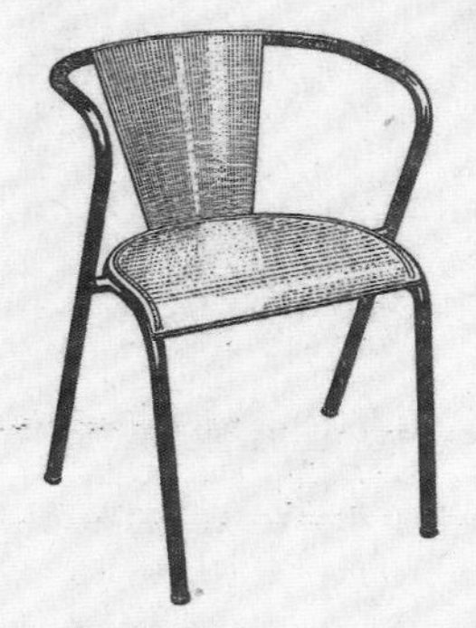

F. S. B. Siège et dossier métal, contreplaqué ou simili-cuir. Tubes laqués ou chromés.

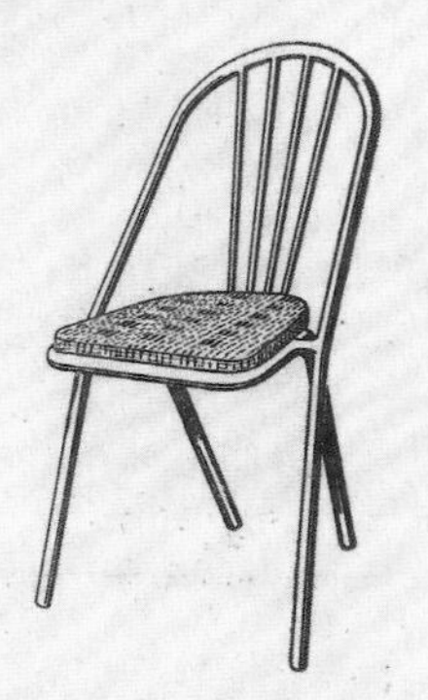

S. A. Mêmes indications que pour le F. S. A. ci-contre avec lequel cette chaise peut former un ensemble.

S. B. Siège et dossier métal, contreplaqué ou simili-cuir. Tubes laqués ou chromés.

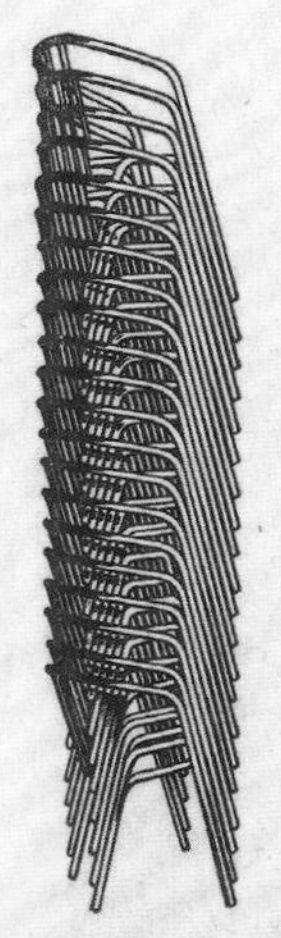

F. S. A. Dossier tubes, siège métal, contreplaqué, simili-cuir ou rotin. Tubes laqués ou chromés.

STAND. Fauteuil de réception, tubes chromés, siège et dossier en velours, simili-cuir ou cuir.

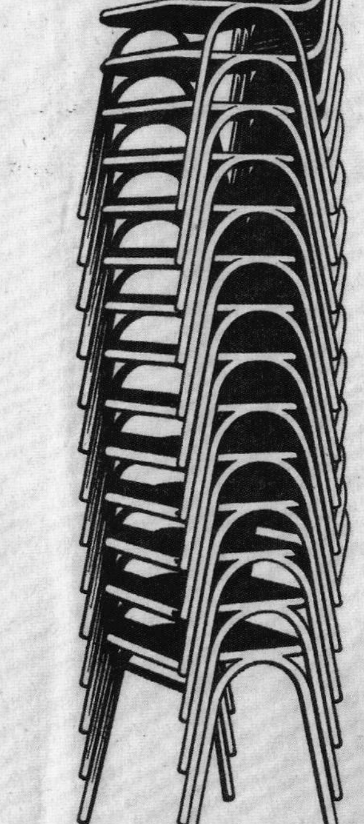

S. K. Maximum de solidité, Minimum d'encombrement, Superposition inégalable, recommandées pour Hôpitaux, Réfectoires, Plein air

TABOURETS

Nombreux modèles de tabourets pour tous usages.

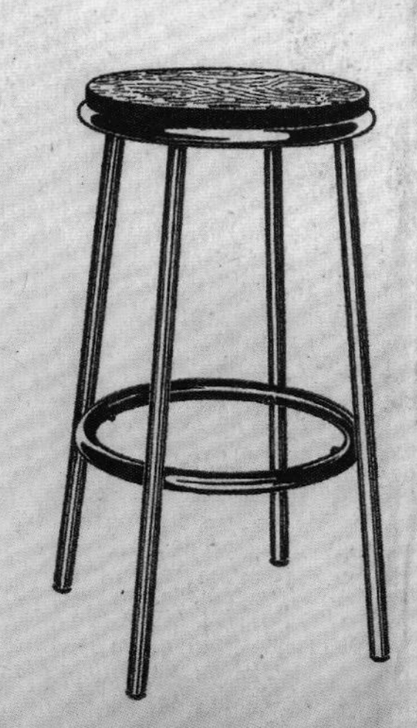

TABOURET - BAR

Tubes laqués ou chromés. Garniture contreplaquée sur cadre, ou pelote cuir, ou simili.

DCW éditions

DCW éditions

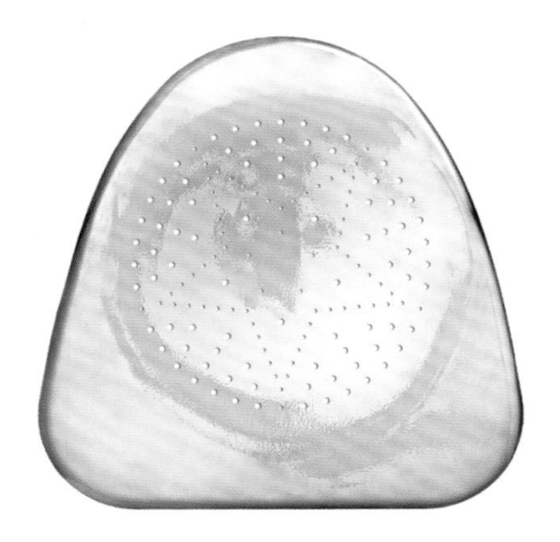
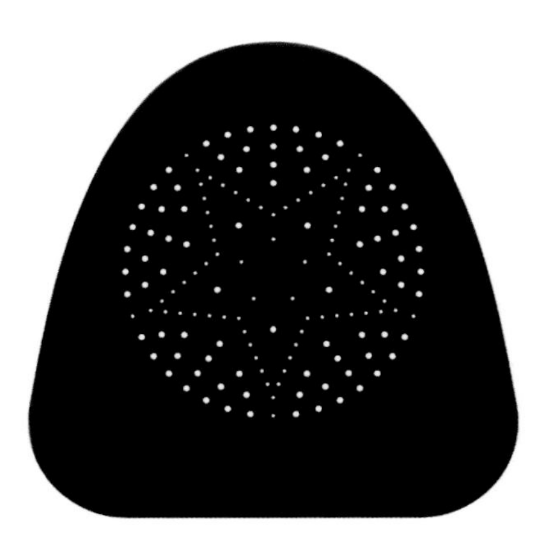
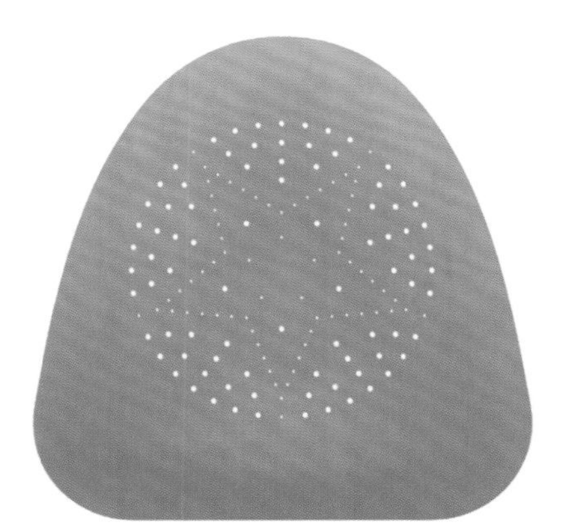
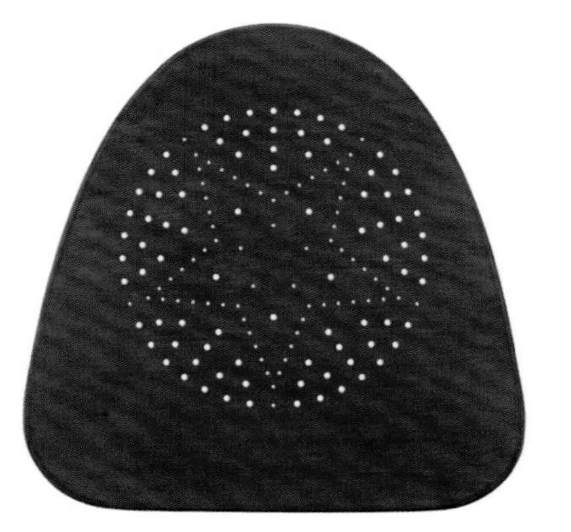

DCW éditions

Courtesy of Caves Saint-Gilles （Paris） / DCW éditions

Farrow & Ball

Farrow & Ball

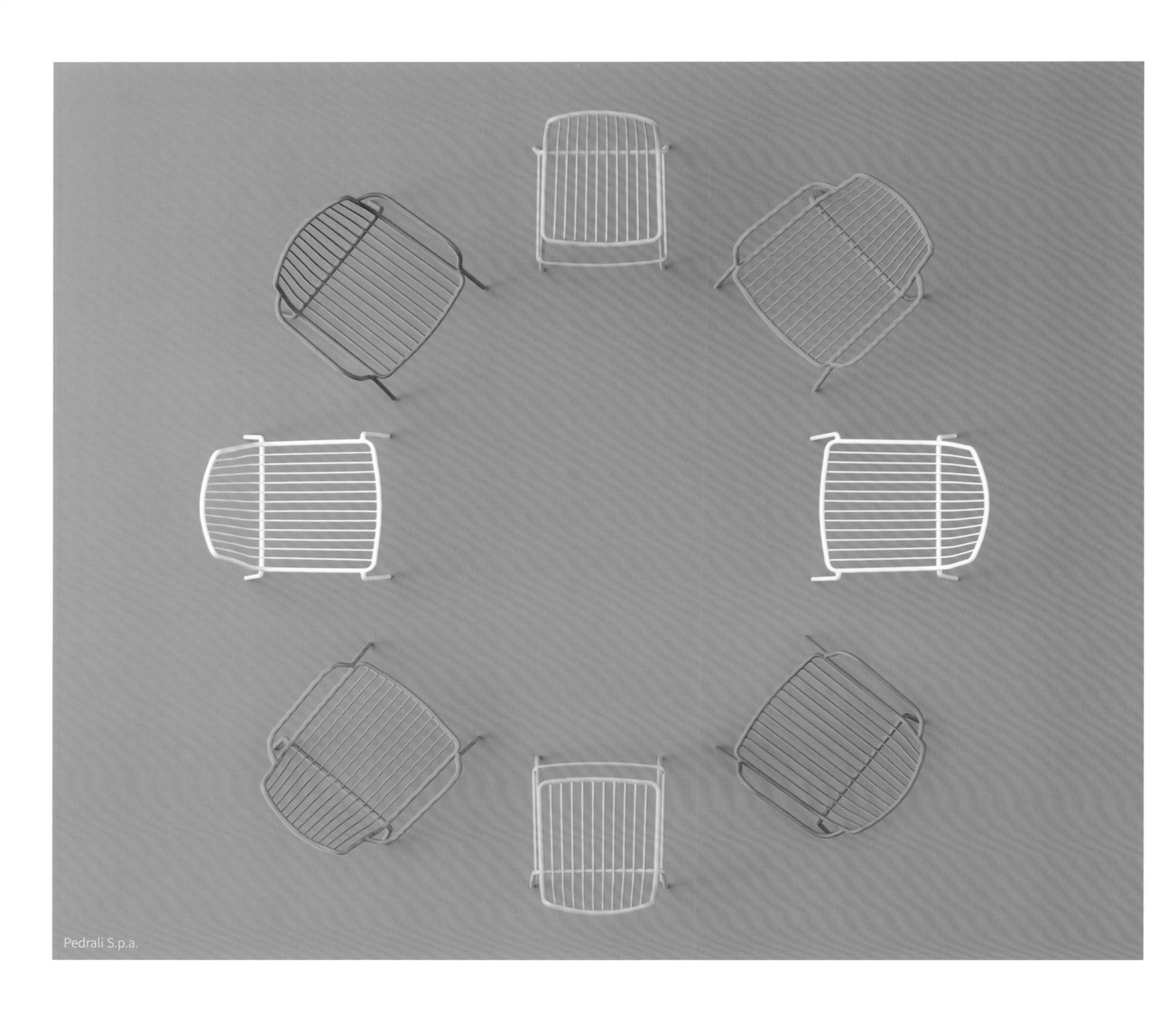
Pedrali S.p.a.

由马里奥·佩德拉利（Mario Pedrali）创办于 1963 年的诺丽塔（Nolita）是一家专门生产户外金属座椅的公司。因为起初是供户外使用，所以该公司设计的坐具多为堆叠式，也有多种颜色可供选择。其产品包括普通的座椅、扶手椅和两种不同高度的凳子等不同款式。

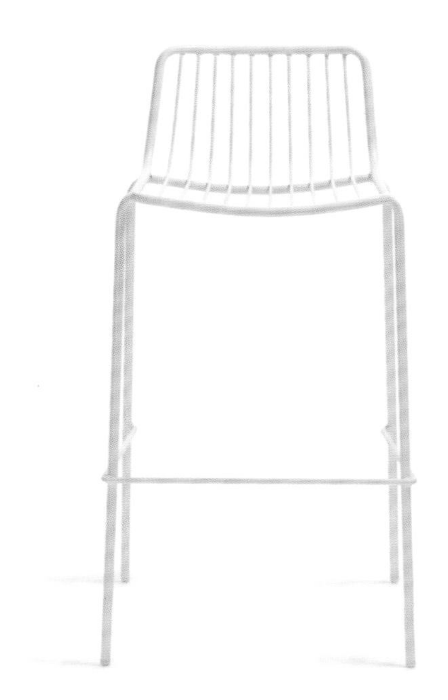

Pedrali S.p.a.

House Doctor

HOUSE JUNKIE

CC0

Junior Vintage & Design

Junior Vintage & Design

这些转椅的材质为金属和蒸汽弯曲木，设计师还特意为儿童设计了特殊尺寸的型号。它们出自德国设计师亚当·施特格纳（Adam Stegner）之手。20 世纪 50 年代，帕格豪兹·福洛托托公司（Pagholz Flötotto）将该款转椅投入生产。

Junior Vintage & Design

Junior Vintage & Design

Little Paris

works berlin

Calma Chechu

Livingroom in a Family Home by Lupe Clemente – Calma Chechu

Fritz Hansen

CC0

Vintage Industrial, LLC

Vintage Industrial, LLC

世界上第一台胜家（Singer）缝纫机诞生于 1851 年，与该款缝纫机样式相近的椅子已经成为工业风家具的代表作。该品牌椅子由三部分构成，分别是铸铁制成的椅腿、可调节高度的椅面和木质椅背。

Le Grenier

works berlin

Alexander & Pearl Ltd

© ONE WORLD TRADING CO 2015

CC0

CC0

Little Paris

如果你钟情于旧工业风家具，由托利克斯制造的“H 凳”（H Stool）绝对是你的不二之选。该款凳子的材质为镀锌的钢材，表面还涂有一层环氧漆。除此之外，其可堆叠，且有多种不同高度供选择。

DeLife

凭借批量生产的优势，金属椅凳在家具市场风靡一时。而托利克斯再次生产的椅凳表面更为多样，如镀锌钢、哑光或是亮光漆等，不仅如此，其表面涂层的颜色也多种多样……但是，不管是哪种椅凳，都配得起托利克斯这块金字招牌。

Little Paris

DeLife

Alexander & Pearl Ltd

Melody Maison

works berlin

Rockett St George

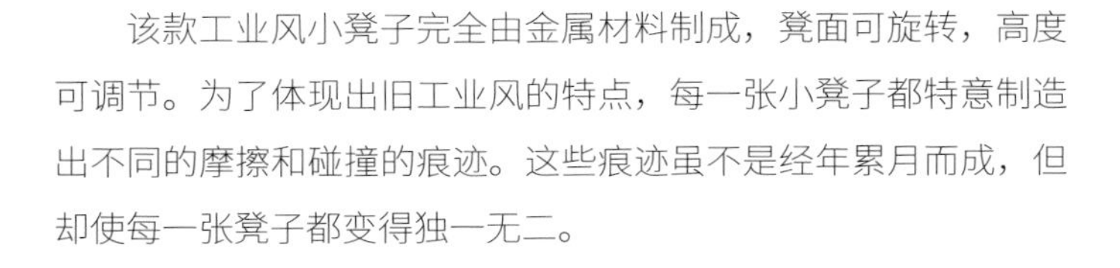

该款工业风小凳子完全由金属材料制成，凳面可旋转，高度可调节。为了体现出旧工业风的特点，每一张小凳子都特意制造出不同的摩擦和碰撞的痕迹。这些痕迹虽不是经年累月而成，但却使每一张凳子都变得独一无二。

IN-SPACES Marketplace

Rockett St George

Vincent and Barn

Calma Chechu

Etsy

卡姆·齐丘（Calma Chechu）之类的商店就像是一个旧工业家具的宝库，这款小凳子则是宝库中的宝物之一。其凳面材质为金属板，承重部分则采用管状结构。美中不足的是，由于要体现出年代感，其可供选择的颜色较少。

DOLORES
C V

波特贝罗的披萨店

（PIZZA EAST IN PORTOBELLO）

设计

马丁·布鲁尼可设计工作室（Martin Brudnizki Design Studio）

摄影

詹姆斯·麦克唐纳（James McDonald）

尼克·琼斯（Nick Jones）将自己的披萨分店开在了诺丁山（Notting Hill）的波特贝罗市场 (Portobello Market）里，店面的装修则由马丁·布鲁尼可设计工作室负责。第一家店开在肖迪奇（Shoreditch），装修风格简洁不拘束，颇受欢迎。这家店的装修也采用一些旧工业风元素，例如金属屋顶、玻璃瓦和回收再利用的木镶板。

从纽约的各个角落淘回的这些风格各异的桌子、椅子和凳子，不仅使餐厅充满活力，更点亮了整条街道。置身其中，便有一种朝气蓬勃的感觉。

波特贝罗市场上的这家分店窗户大、采光好，家具也多是宝蓝色，相较于第一家店便显得更明亮些。但两家店的其他装修元素却是十分相近的，不管是白色的玻璃瓦，还是吧台处摆放的椅子，都几乎如出一辙。

公寓内部设计

(INTERIOR IG)

设计

INT2 建筑设计工作室（INT2 Architecture）

摄影

詹姆斯·麦克唐纳

除了卫生间和卧室，整座公寓的设计呈现出一种连续的空间感。然而，尽管卫生间和卧室与其他空间相分隔，但玻璃隔板和不断唤起人们对往昔的回忆的工厂式大窗户使公寓中的灯光可以毫无阻隔地照亮室内的每一个角落。看那裸露的通风管道、形状各异的砖块和整个银灰色的色调，毫无疑问，公寓采用的是工业风格的设计。

公寓中那风格各异的桌子、椅子和凳子，所用材质均为木头、皮革和金属，或是单用一种，或是组合而成，一股股货真价实的工业风扑面而来。而卧室的工业风更为浓烈，床头板是由一块老旧的门板改造而成，灯具则是极具工业风的杰尔德（Jielde）灯。

SCRABBLE

PiCTiONARY
Команда 1
Команда 2
SCRABBLE
MONOPOLY

МЕРА ВЕСА
1 ч. ложка = 5 мл
1 ст. ложка = 15 мл
1 чашка = 240 мл
1 пинта = 475 мл
1 кварта = 950 мл

ND-002

ND-002
ND-003

13:56:27

FIERRO

格兰·费耶罗餐厅

（GRAN FIERRO）

设计

达格玛·什捷帕诺瓦（Dagmar Štěpánová）

卡塔琳娜·瓦尔索娃（Katarína Varsová）

福尔马塔尔工作室（Formafatal）

摄影

雅各布·斯科坎（Jakub Skokan）

马丁·图马（Martin Tůma）

快乐男孩工作室（BoysPlayNice）

2014 年年中，在布拉格的中心地带新开了一家阿根廷风味的餐馆。这家餐馆的主人之所以把店开在这里，是想为欧洲中部增添一抹布宜诺斯艾利斯风情。装修时，设计师将餐厅的主要空间设计为高度不同的两个部分。

许多设计的细节将工业风、复古风和南美风情体现得淋漓尽致。走进餐馆，首先映入眼帘的便是环绕的钢管、散发着复古光泽的木头和用真正来自阿根廷的皮革制成的椅子和凳子。

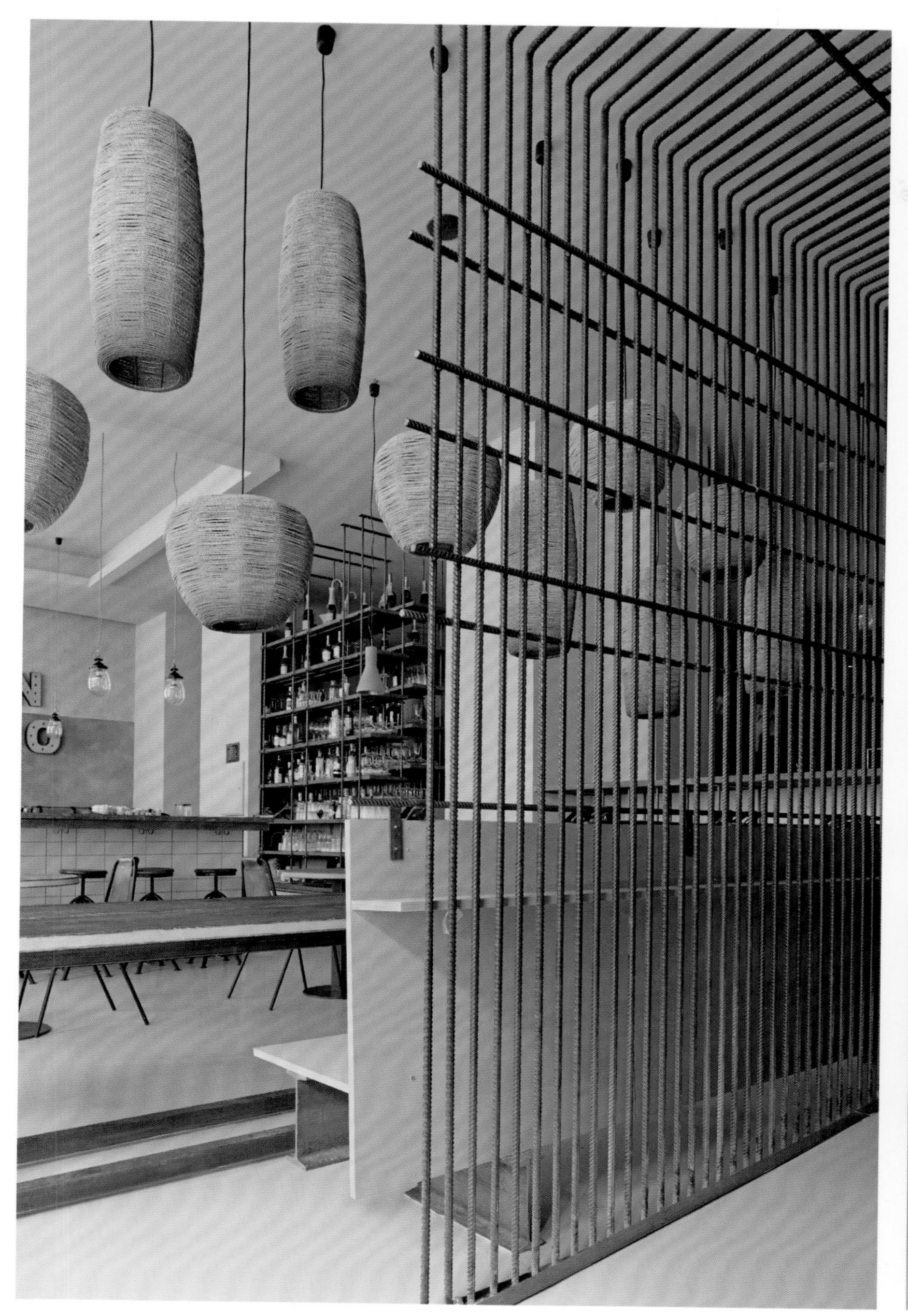
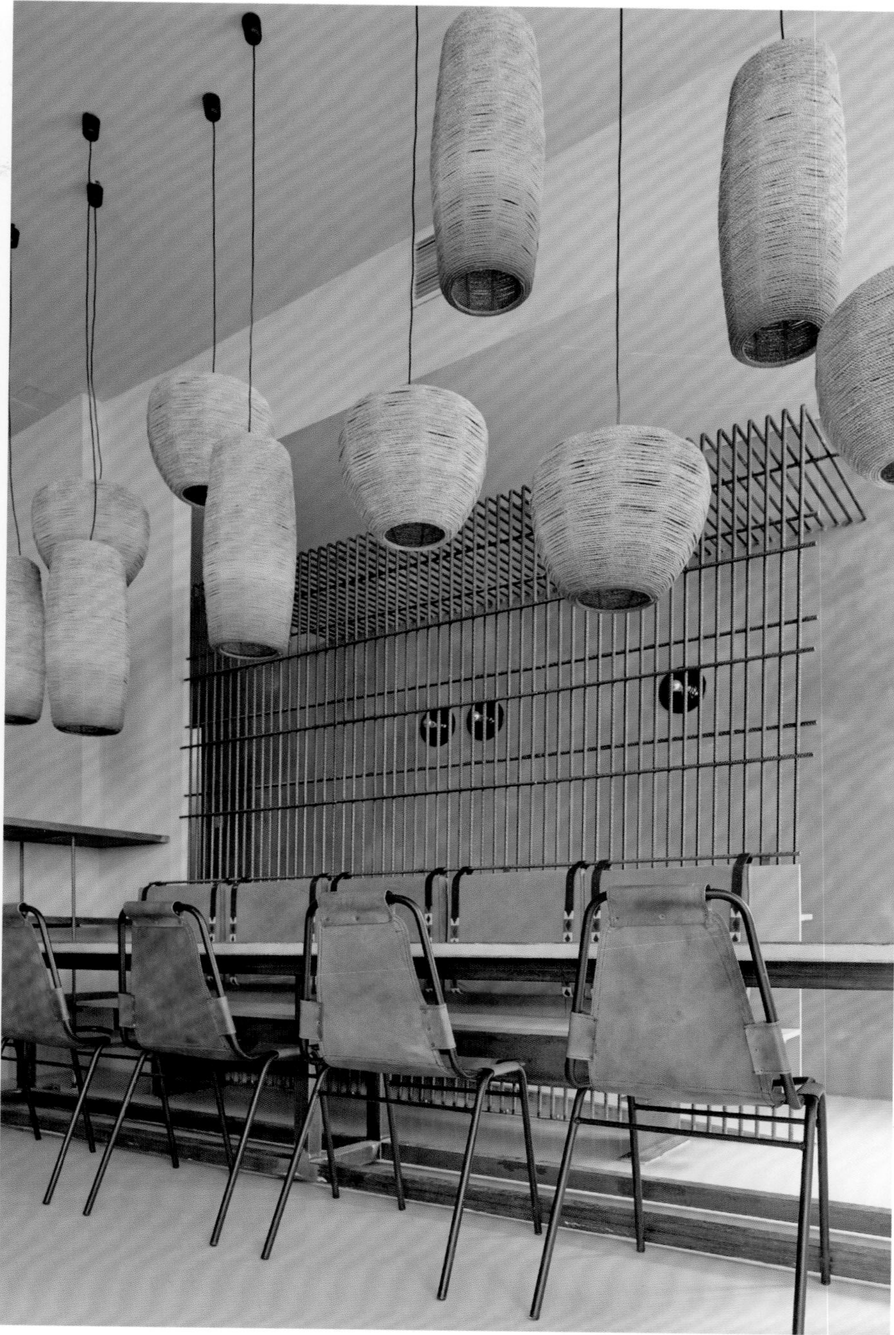

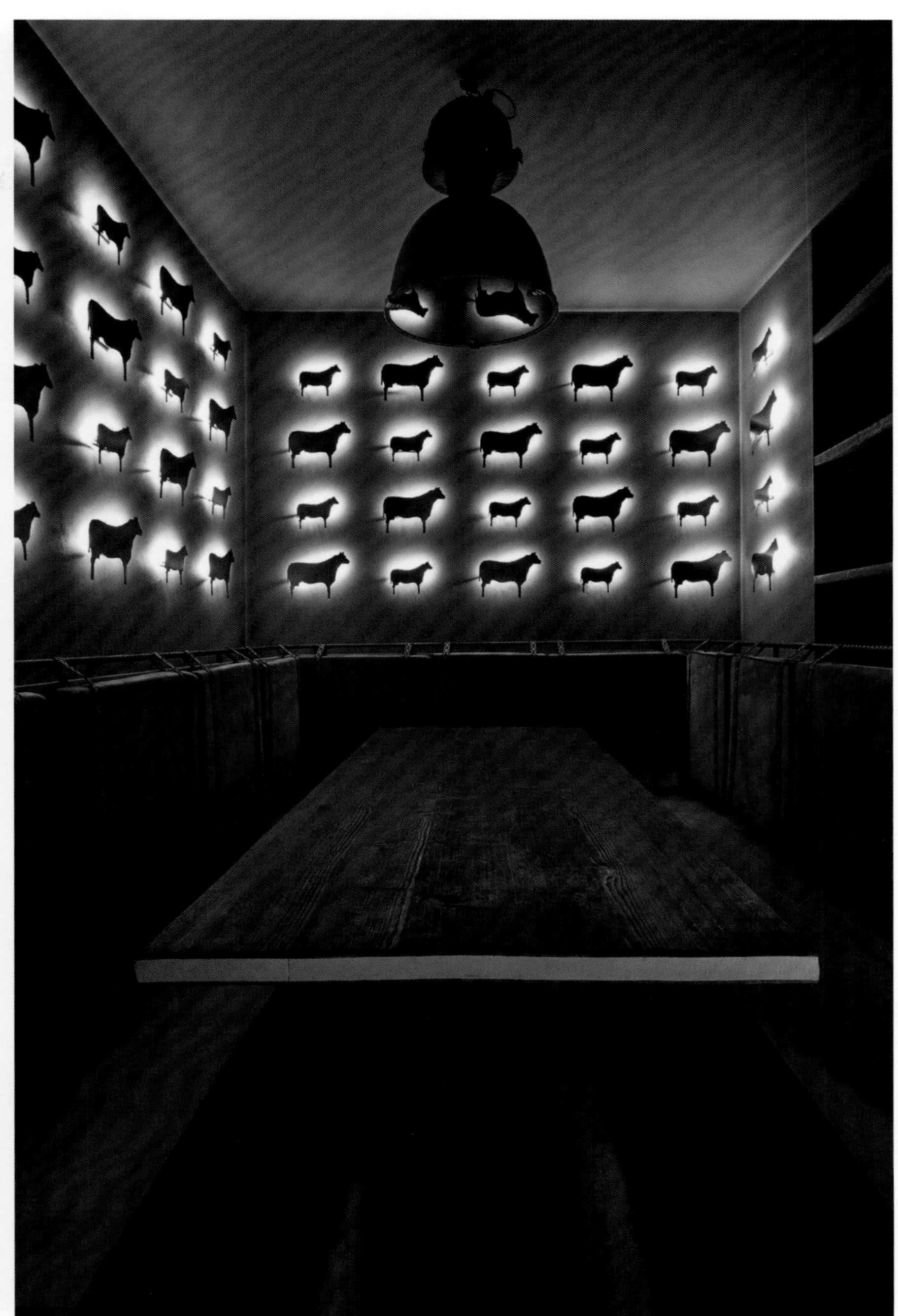

将餐厅设计成两个空间，好处便是可以有几种不同的功能区。进门处的区域采光好，光线明亮，在这个区域的中间设置了一个吧台；后面区域的灯光则相对暗一些，餐桌周围采用的也都是低光，包括一个带有扶手椅的休闲区和一个酒吧间，是一个更为私人化的空间。

GNAW
Chocolate Chompers
Orange + Cashew
GNAW
Chocolate Chompers
Apple Pie
GNAW
Chocolate Chompers
Blueberry Crisp
£3.95
£2.10
£3.25
£3.25
£3.25
Ice cream, frozen yogurt, ice lollies
Beer & cider
PICTUREHOUSE
CENTRAL
£3.75

中央影院

（PICTURE HOUSE CENTRAL）

设计

马丁·布鲁尼可设计工作室

摄影

詹姆斯·麦克唐纳

在这个意在将特罗卡迪罗广场（Trocadero）打造成新一代休闲娱乐中心的雄伟计划中，中央影院可以算是一个旗舰项目。它将 20 世纪 20 年代艺术电影院中的好莱坞特色与工业风相结合，旨在成为伦敦西区的一处标志性建筑。

TOILETS
C.U.
DIRT
E.V.F.
1&2
M.O.S.

在中央影院自助餐厅的设计中，不管是红色的珐琅（Enamel）灯具、餐厅的整个色调等设计元素，还是墙上悬挂的帕特里克·韦尔（Patrick Vale）和保罗·戴维斯（Paul Davis）的壁画，其设计灵感均来源于电影史和旧工业风。

I CRIED
ACE SWEARING
BEST EVER
GLEEFUL AMORALITY
THE MOST BEAUTIFUL TRADEGY
ERUDITE
THE PLOT WAS SINKING IN MUD AND FINALLY VANISHED
A MINOR MASTERPIECE
MINDLESS FUN
AN INSTANT NON-CLASSIC
TOO AMBITIOUS

C.U.
DIRT
BLIMP

在中央影院的酒吧中，钢结构和绘制砖墙随处可见，不仅工业风浓郁，而且使人有一种置身于 19 世纪古老建筑之中的感觉。从一扇扇落地窗向外望去，皮卡迪利广场（Piccadilly）那历经数十年的景色更是一览无余。

WELCOME TO
PICTUREHOUSE
CENTRAL
CENTRAL

Vincent and Barn

储 具

储藏类家具可谓是工业风家具设计中的典范。无论是轻金属货架、设备，还是餐具柜、手推车……这些体现工业风格的储藏类家具的唯一设计原则便是充分利用每一寸空间。这类家具采用的是模块化设计，根据摆放区域的空间大小“因地制宜”地展开设计。有时为了便于移动，其底部还装有滑轮。但就设计美感而言，储藏类家具可能并不起眼，因为它们的主要功能是储物，这远比其设计美感重要得多。铸铁、钢、金属网和未经处理的木头等材质牢固性强，特别是在住宅空间中的运用灵活性高，因此这类材质当之无愧地成为旧工业风储藏类家具中的主角。

Vintage Industrial, LLC

The Old Cinema

在名为“老影院”（The Old Cinema）的古董家具店有一种常见的文件柜。柜身部分的金属锈迹斑驳，把手也极具工业风，再加上柜子上部那充满复古气息的木板，整个文件柜给人一种工业感。因为大小适宜，这款文件柜在室内设计中十分常见。

Koko Classics Ltd

Koko Classics Ltd

Alexander & Pearl Ltd

Vintage Industrial, LLC

Made With Love™

该款具有复古风格的家具的原材料是经过干燥处理的废旧船板。每块木板所经受过的环境大不相同，久而久之，木板的光泽和质地也有所变化，所以该款家具的每一件都是独一无二的。

Little Paris

Little Paris

Little Paris

Little Paris

Guru-shop

金属锁柜和文件柜往往是家居储物的理想之选。这类家具灵活性高、组合性强，并且带有些许工业气息。

The Old Cinema

该储藏类家具的原材料并不是声名赫赫的带销软木板，而是一种带有金属滑条和小托架的金属板。这种金属板上可以悬挂一些具有工业风格的小物件，装饰性也更强。上述所有创意均来自房博士设计工作室。

CONCEPT
NO
STRATEGY
PLAN
HAVE
Realesation
AND THEN...
TEAM
2x
45% is SALE!
money recycling
15% - ???
Business
MARKETING
A. B. C.
PRODUCT
A. LUCK
A. 640.320.00
B. 144.000.00
C. 286.000.00
D. 255.500.00
E. 540.000.00
RIGHT NOW DOWN
CONSUMERS
SUCCESS!
MAIN
Made With Love™

© Galerie Patrick Seguin

The Old Cinema

Junior Vintage & Design

Atelier Pfister

Atelier Pfister

韦伯（Weber）为威利斯事务所（Team by Wellis）专门设计的2015年新一季作品包括多种储藏类家具。该类家具采用瑞士风格，原材料为多种不同类型的木材，并且有多种颜色可供选择。

该款工业风锁柜的材质均为回收再利用的金属板和供运输使用的木制托盘的木板。木头表面的色泽和金属的做旧效果使整个锁柜看起来十分复古。

Calma Chechu

Ciguë

该款储藏家具的材质为回收再利用的工业风家具和胶合板，是斯塔克（STK）家具系列的一部分，由西俊设计工作室设计而成。

Atelier Pfister

Atelier Pfister

这款独特的拼装式樱桃木储物架于 1951 年由设计师让·普鲁韦设计而成。他注重家具的简洁性和功能性，是一位在工业风家具中率先使用“铝”这种材质的先锋。

© Galerie Patrick Seguin

&tradition

DESALTO

Vincent and Barn

DESALTO

PHOTOGRAPHY
Arnold Odermatt
I AM A CAMERA
FOTOGRAFIA PÚBLICA
August Sander
LUNA
5

House Doctor

Little Paris

Atelier Pfister

该款置物架由马特奥·希尔顿（Mateo Hilton）设计而成。整个置物架分为两部分：主体部分的材质为黑色钢杆，且横向部分的钢杆高度可调节；另一组成部分的材质为胡桃木贴面面板。该款置物架可根据需要组装成多种不同的样式。

Atelier Pfister

该款工业风书架的材质为铁和钻孔金属板。书架并不是很大，单从大小上看可能更适于家居使用，但书架上装饰的金属铆钉却又使其具有十分鲜明的工业风特色。

Calma Chechu

Constant Motion / Alex Bykov / Alex Bykov

乌克兰设计师亚历克斯·贝科夫（Alex Bykov）将自家的阁楼设计成一个大大的内置型藏书室。通过电梯，从该藏书室可以直接到达客厅。藏书室中的书架采用模块化设计，所用材质的价格也不高。该书架不仅具有储物功能，其几何结构也可以根据需要自由调整。

Playful Clashes Against an Industrial Backdrop / Fanny Abbes, The New Design Project / Alan Gastelum

Karakoy Loft by Ofist / photo © Koray Erkaya

Karaköy Loft by Ofist / photo © Koray Erkaya

这处阁楼位于伊斯坦布尔的卡拉柯伊（Karakoy），阁楼的室内设计均由奥菲斯特工作室（Ofist）的设计师负责。阁楼中有一面墙为储物墙。一个双层高的金属架倚墙而建，全部用来储物，其由分隔网、悬挂装置和隔板等部分组成。

Case Furniture, Good Design as Standard

Calma Chechu

House Doctor

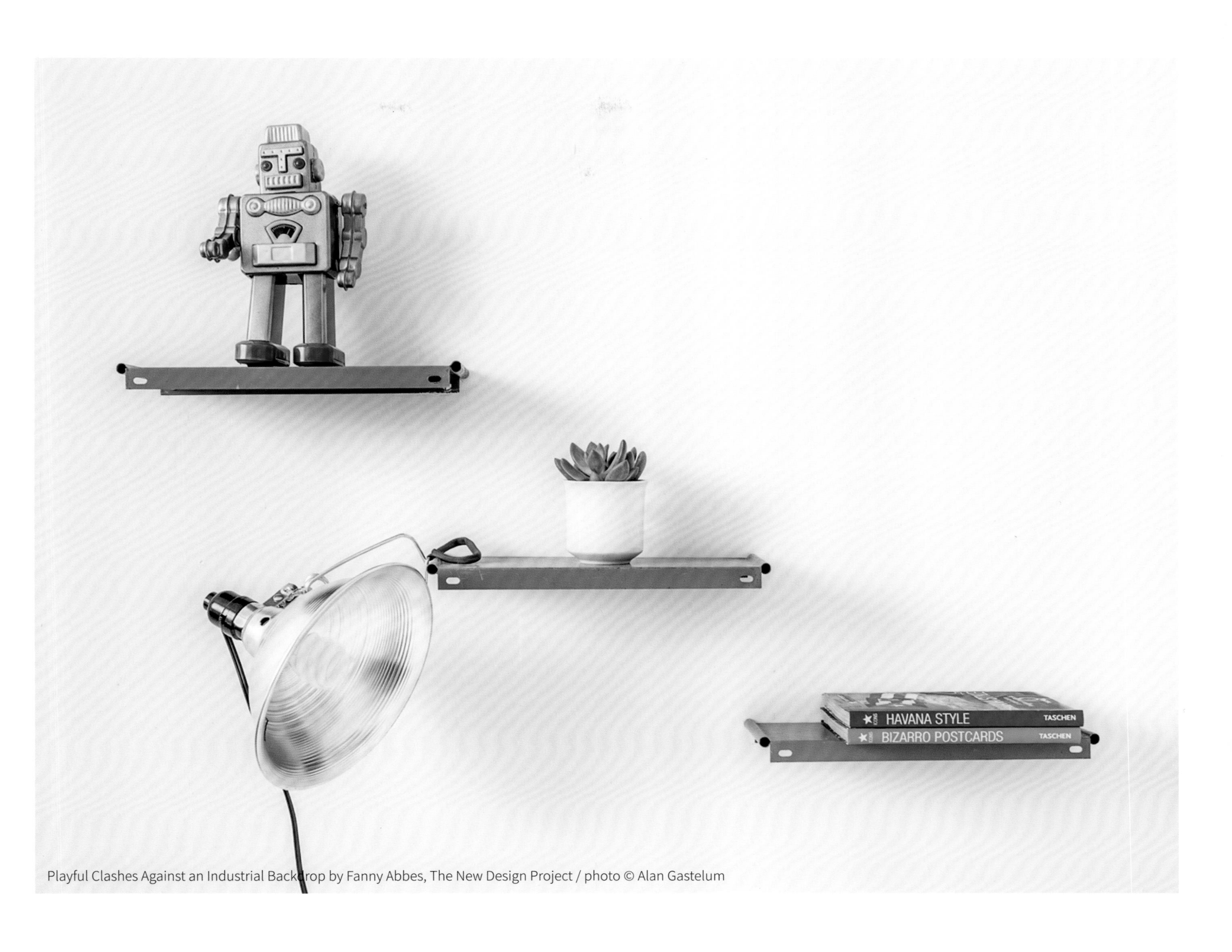

Playful Clashes Against an Industrial Backdrop by Fanny Abbes, The New Design Project / photo © Alan Gastelum

Karakoy Loft by Ofist / photo © Koray Erkaya

Karakoy Loft by Ofist / photo © Koray Erkaya

图片中所展示的同样是一面储物墙的设计。其上面的部分放餐具和调料罐等，下面的部分空着，留出的空间可以放餐椅等家具，与厨房融为一体。不同隔层之间用穿孔金属板隔开，隔层的高度也可以根据需要自由调整。

Barcelona apartment by Jan Plechac&Henry Wielgus / photo © Martin Chum

Barcelona apartment by Jan Plechac&Henry Wielgus / photo © Martin Chum

图中的公寓位于巴塞罗那。在整修的过程中，设计师扬（Jan）和亨利（Henry）尽可能多地保留了公寓中的原有元素。装修中变化较大的地方有两处：一是将墙面粉刷成了白色，使室内看起来更加明亮；二是增添了一些北欧风格的家具，使公寓有了些许工业风气息。

Barcelona apartment by Jan Plechac&Henry Wielgus / photo © Martin Chum

图中室内设计采用的设计元素大多色调柔和，但对想要凸显的部分则采用鲜艳的亮色，如图中红色的置物架在白色的环境下便十分抢眼。这个框架系统（Stick System）的设计出自丹麦曼纽设计师事务所。

Vincent and Barn

Vincent and Barn

Out There Interiors

House Doctor

Rockett St George

House Doctor

在一些小型的储藏类家具上安装轮子，多半是为了方便使用。特别是当这些储藏家具用于厨房时，轮子的作用就更为显著了。

Rockett St George

MADAM STOLTZ

House Doctor

Petra Reger Home by Petra Reger / photo © Petra Reger

Petra Reger Home by Petra Reger / photo © Petra Reger

Petra Reger Home by Petra Reger / photo © Petra Reger

House Doctor

House Doctor

优维餐厅

（USINE）

设计

理查德·林德瓦尔（Richard Lindwall）

摄影

米卡埃尔·阿克塞尔松（Mikael Axelsson）

约翰·安纳菲尔特（Johan Annerfelt）

林德瓦尔以上海、纽约和阿姆斯特丹的一些大型改造区为参照，勇于接受挑战，旨在打造一个散发着工业风气息的广阔的室内空间。尽管使用了混凝土和镀锌钢这类充满北欧风情的元素，但整个空间还是给人一种温馨宁静的感觉。

在餐厅中的吧台、沙发和书架三个区域，黑色涂层的钢梁发挥着独特的作用。黑色的地板和壁灯由友创事务所（Friends & Founders）设计完成，天花板上的吊灯则是直接从中国进口的。

Usine
on the
Road

餐厅使用的是黑色的托恩（TON）牌香蕉椅（Banana）和出自沙维尔·波沙尔之手的托利克斯牌“H 凳”，这两款家具是工业风家具的代表作。桌子和沙发是来自立陶宛的纯手工制品。

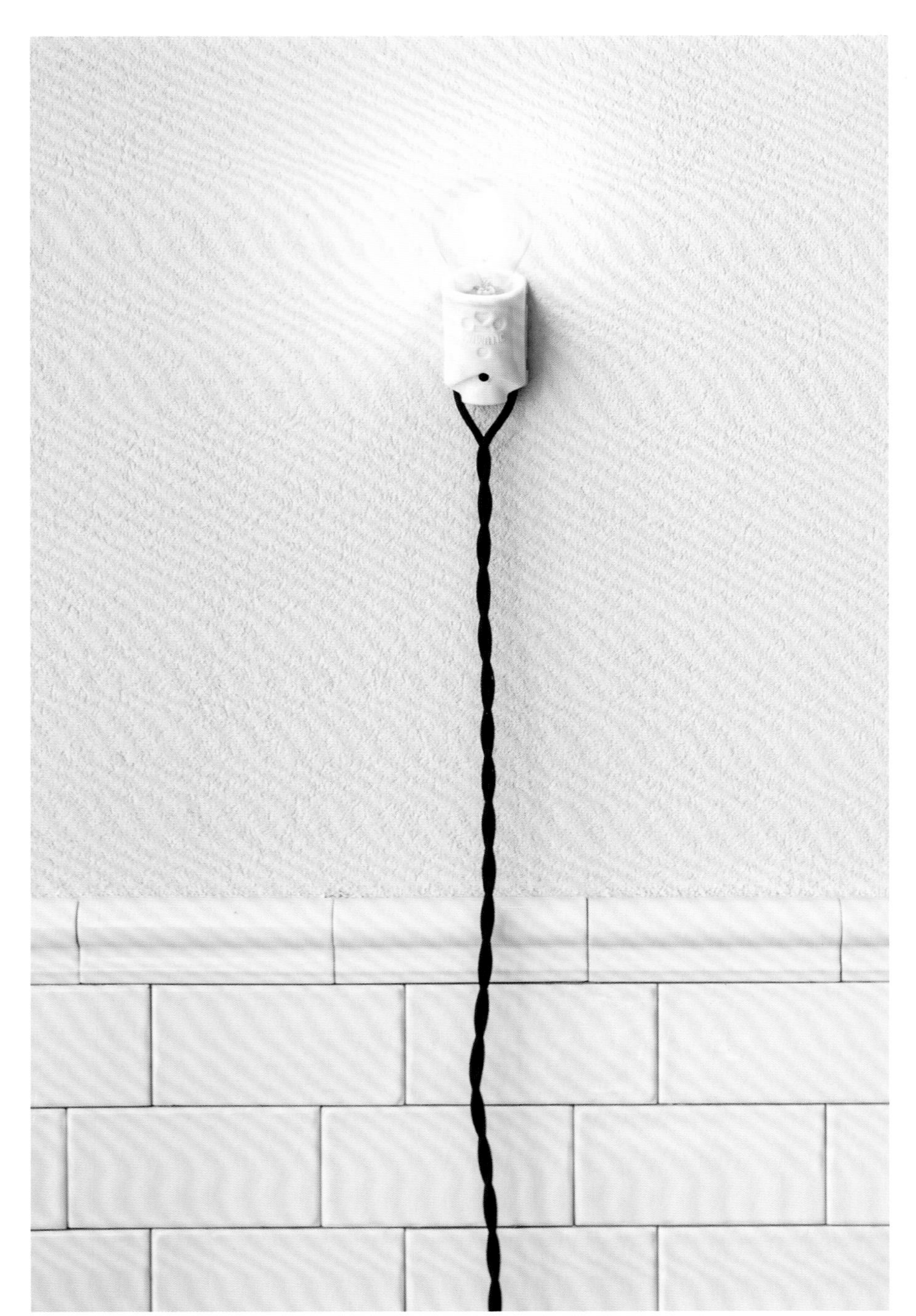

勒妮·阿恩斯的公寓

（RENEE ARNS LOFT）

设计

勒妮·阿恩斯

摄影

勒妮·阿恩斯

在有着荷兰“紫禁城”之称的思特瑞普社区内，许多建筑经过改造后，摇身一变，成了极具工业风的公寓。不管你是谁，想要住进这类公寓的首要条件便是年轻且富有创造力，除此之外，还要通过一轮又一轮的筛选测试。勒妮·阿恩斯申请了整整两年，才终于如愿以偿地住进了这处她梦中的公寓。

在这位多才多艺的设计师家中，每一件家具都有着自己的历史。桌子的底座是从一个废旧农场淘来的，工作台是从废品中“抢救”出来的，至于那两把托利克斯椅子和那些工业风浓厚的灯具，则是从她的朋友贾森·赫林的店里买来的。

除了黑色的斯麦格（Smeg）冰箱是从之前住的房子中搬来的，公寓的其他家具都是勒妮·阿恩斯在朋友的帮助下亲手制造的。经过设计，黑色的家具与纯白色的墙面、灰白色的水泥地和天花板形成鲜明的对比。公寓内的灯光不仅用于照明，更是作为设计元素成为整个设计不可或缺的一部分。在整个公寓的设计中，最令设计师满意的还数那些采光极佳的大窗户——通过它们可以欣赏到窗外美丽的景色。

№5
4
3
2 OFICINAS
1
0

N° 5 汉堡店

（N° 5）

设计

弗朗西斯科·塞加拉（Francisco Segarra）

摄影

伊马戈·埃斯图迪奥（Imago Estudio）

N° 5 是一家汉堡店，坐落在西班牙卡斯特利翁（Castellón）极具历史感的城市中心。该餐馆的室内设计既有装饰艺术的建筑特色，同时又体现着《了不起的盖茨比》和《布达佩斯大饭店》等电影中的艺术特色。透过那颓废式的奢华和解构主义的棱镜，人们在 N° 5 汉堡店的设计中感受到的是一种对 20 世纪 20 年代的怀念。正是这种独特的设计赋予 N° 5 这家汉堡店更多的内涵。

弗朗西斯科·塞加拉不仅负责 N° 5 汉堡店的室内设计，餐馆内使用的家具也都是他的设计作品——从低矮的咖啡桌到其他功能性家具，样式多种多样。

餐馆的收银台靠近走廊，其上方悬挂着一排从废旧物品中抢救出来的杰尔德灯具。电梯的另一边是一个定制的铁质储物间，看起来十分壮观。该部分的设计灵感来自一群着迷于旧工业风的狂热粉丝。

ASCENSOR

E.S.D.6

在餐馆中部的鸡尾酒酒廊中，不管是仪表还是线路，都裸露在外，整个酒廊就像一个工业空间的隐喻。酒廊中斑驳的光线来自吧台后方镂空的窗户。

餐馆中不仅有小矮桌和重新装饰过凳面的小凳子，还有一排排半圆形靠背椅。这些靠背椅的椅背和坐垫都用天鹅绒装饰而成，十分精美。除此之外，餐馆中还有托耐特风格的曲木椅和体现 20 世纪 50 年代特色的托利克斯复古椅。

MONTACARGAS

d-Bodhi

桌　子

边几、餐桌、书桌、课桌……桌子的种类多种多样。不管是哪一种，从以下两方面的特性来看，每一种桌子都有自己独特的魅力。

一方面，桌子的魅力取决于材质的强度、牢固性和其氧化形成的光泽。这类材质一般是指金属，如钢或铸铁等，而材质上留有的岁月痕迹才正是展现其精髓的地方。另一方面，其魅力也取决于室内环境中材质表现出来的物质性、纹理和质感。这类材质主要指原木和天然木材。这两方面的特性可能使桌子的外观看起来不是那么光滑完美，但正是这些不完美赋予了每张桌子独一无二的特色。桌子的上述两种特性再加上其自身的功能性，使得其成为旧工业风室内设计中的重要元素。

Atelier Pfister

这款迈伦（Meilen）桌是对经典的现代解读。该款桌子为直线型，设计十分简洁，只保留了桌子最基本的功能。桌子的材质为桦木或胡桃木，尺寸分为大小不同的两种，除此之外，还有六种完全不同的外观可供选择。这款桌子是由来自瑞士的工业风设计大师施陶法赫尔·本茨（Stauffacher Benz）专门为阿特利耶·普菲斯特（Atelier Pfister）设计的。

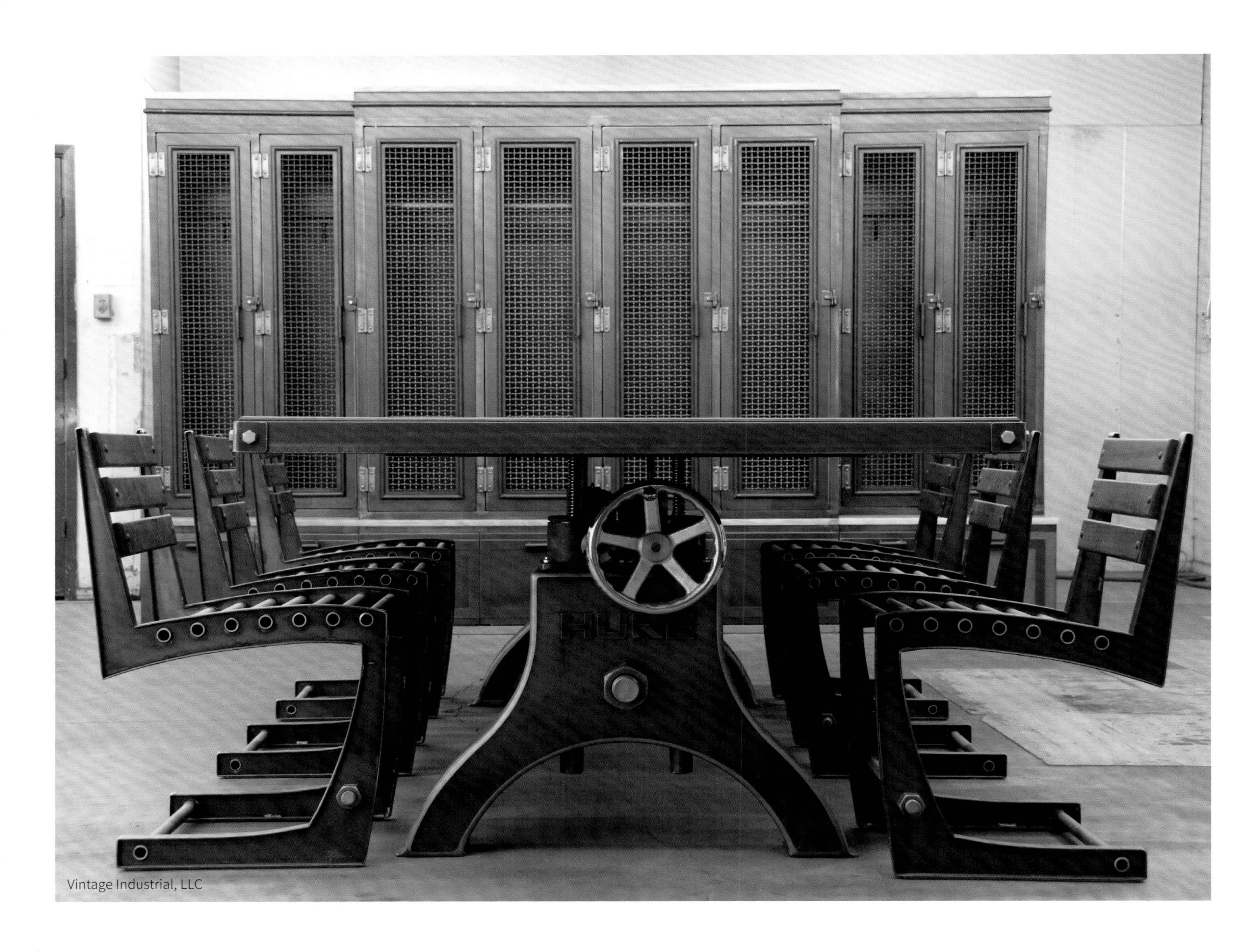

Vintage Industrial, LLC

胡雷（Hure）桌是一款可调节高度的签名设计产品，通过转动桌面下方一侧的曲柄，可将桌子调整到合适的高度。该款桌子是以设计师 P. 胡雷（P.Hure）的名字来命名的。1940 年，一家工业机械制造公司开始销售这种曲柄装置，而 P. 胡雷到法国旅行时恰巧看到了这种装置，顿时深受启发，便设计出了这款桌子。

Desalto S.p.A.

d-Bodhi

2010 年，新加坡菩提设计事务所（d-Bodhi）的设计师开始尝试用一些新材质来设计桌子，这些新材质包括回收再利用的镀锌钢、废旧木船板、穿过的牛仔裤和用过的纸张等。图中的餐桌属于管线（Tubeline）设计系列，所用材质为镀锌钢管和柚木。

House Doctor

这款 C18 桌子由一家丹麦设计公司设计，灵感来源于美国传统的夏克式家具（Shaker furniture）。该款桌子诞生于 1947 年，出自设计师巴尔赫·莫根森（Børge Mogensen）之手。设计之初，巴尔赫·莫根森意在打造一张牢固性极佳且老少皆宜的桌子，因此该桌子所用材质为结实的山毛榉木或橡木。

Atelier Pfister

Little Paris

这张造型传统的桌子是从一家建于 20 世纪 50 年代的法国小酒馆中抢救出来的。整张桌子为长方形，桌面以下的部分为可移动的白色钢架，桌面为大理石材质。

Annabel James

Ciguë

Liguë

© Galerie Patrick Seguin

© Galerie Patrick Seguin

这些作品均出自设计师让·普鲁韦之手：1955 年的 201 号总统桌（Présidence No.201 desks），其材质为木头和钢；1947 年的英标曲面桌（Standard BS curved variation）；1946 年的英标 1 号桌（Standard BS 1 model）；1953 年的咖啡桌（Cafétéria No.512 table），其材质也是木头和钢，以及 1953 年的孔珀桌（Compas table）。

34
Le Grenier

Le Grenier

勒·格勒尼耶（Le Grenier）是一家成立于 1993 年的法国商店，专门卖一些具有旧工业风格的老物件。不管是椅子、桌子、灯具，还是由木、钢和铸铁制成的硕大的储藏类家具，每一件都有着自己的故事。所以这家店虽然有 1200 平方米之大，但却并不空荡，里面充盈着“历史”。

这张工业风大桌子诞生于1900年，所用材质为橡木和铸铁。桌子底座的一侧刻有佩林·庞阿尔和西埃·普里斯（Perin Panhard & Cie Paris）的字样。佩林·庞阿尔和西埃·普里斯便是后来大名鼎鼎的汽车制造业的龙头之一。19世纪时，该公司专门设计和生产工业风家具和木工机械。

Le Grenier

Le Grenier

Vintage Industrial, LLC

Le Grenier

Vintage Industrial, LLC

Vintage Industrial, LLC

这张旧工业风餐桌在底座的设计上力图模仿 20 世纪末的铸铁质底座。不过在其 A 字型底座的设计中，所用材质却换成了废旧钢材。桌面部分由金属或者硬木制成。该款桌子的全部生产过程都是在位于凤凰城（Phoenix）的车间内完成的，该车间同时扮演着展销店的角色。

Le Grenier

Vincent and Barn

这张造型独特的咖啡桌原本是一个带有轮子的旧箱子。这件出自文森特和巴恩设计工作室（Vincent and Barn）的桌子所用材质为钢和其他金属。桌子表面的氧化痕迹不仅使其年代感十足，同时也为其增添了独特性。该款桌子的焊接点都裸露在外，其氧化后的痕迹也都各不相同，显得十分复古。

Post industrial apartment by Chatupko Design / photo © Monika Zielska

Höst Restaurant by Norm Architects / photo © Jona Bjerre-Poulseni

Vincent and Barn

Playful Clashes Against an Industrial Backdrop by Fanny Abbes, The New Design Project / photos © Alan Gastelum

Vintage Industrial, LLC

d-Bodhi

Alexander & Pearl Ltd

Suppan & Suppan Interieur

Annabel James

House Doctor

Barcelona apartment by Jan Plechac&Henry Wielgus / photos © Martin Chum

Barcelona apartment by Jan Plechac&Henry Wielgus / photos © Martin Chum

在这间位于巴塞罗那的公寓内，许多家具，包括那张淡蓝色的波纹（Ondule）咖啡桌，都是由让·普勒查克和亨利·维尔古斯设计工作室（Jan Plechac & Henry Wielgus）设计的。

Bonaldo Spa / ERGO

Bonaldo Spa / ERGO

Suppan & Suppan Interieur

House Doctor

GHIFY

GHIFY

GHIFY

House Doctor

Humlebaek House by Norm Architects / photo © Jona Bjerre-Poulsen

Humlebaek House by Norm Architects / photo © Jona Bjerre-Poulsen

Interior MA2 / INT2 architecture

诺姆建筑师事务所团队中的成员不仅仅是建筑师，他们也设计家具和配件。木头会随着时间的流逝而逐渐腐朽，但在这一过程中所展现出的美感和质地却常常是设计师们的灵感源泉。汉勒贝克之家（Humlebaek House）中使用的家具便将这一设计风格体现得淋漓尽致。

Alexander & Pearl Ltd

Vincent and Barn

Out There Interiors

© ONE WORLD TRADING CO 2015

Alexander & Pearl Ltd

图中这件桌椅一体的课桌是由设计师雅克·伊捷（Jacques Hitier）专门为穆尔卡工作室（Mullca）设计的。该款课桌的设计采用工业风，所用材质为木和铁。课桌和椅子的高度都可以根据需要自由调节。课桌上那小小的墨水池可以说是该款设计的点睛之笔。

Made

Alexander & Pearl Ltd

1stdibs®

1stdibs®

后工业风桌（Post Industrial Table）也是一款复古工业风家具。该款桌子桌面以下部分为结构性钢梁和螺丝，可承载桌面的重量。桌面是一块简单的长条形木板。至于桌子底部的滑轮，可以根据个人喜好来选择是否安装，有多种尺寸可供选择。

Desalto S.p.A.

Junior Vintage & Design

这款安娜（Anna）儿童桌椅是安娜·卡琳·莫布林（Anna Karin Mobring）在 1963 年设计的一款原创性作品。安娜·卡琳·莫布林是宜家家居公司的首位女性设计师。该款桌子的材质为喷有红漆的山毛榉木和胶合板。椅子的高度可自由调节。

Vincent and Barn

Out There Interiors

Out There Interiors

Playful Clashes Against an Industrial Backdrop / Fanny Abbes, The New Design Project / Alan Gastelum

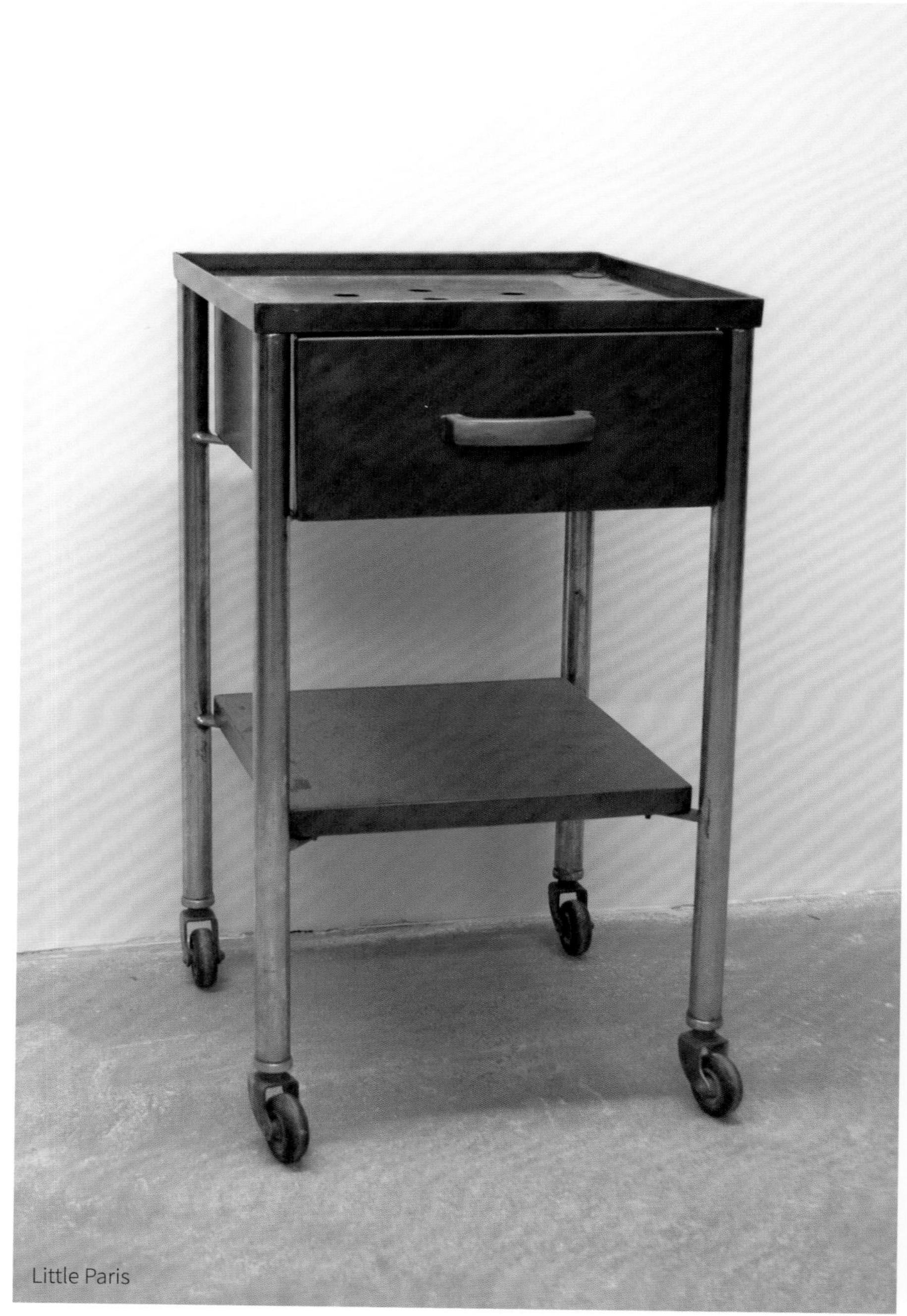
Little Paris

Vincent and Barn

图中这些边几外观相似，最为显著之处在于其铁质框架结构，但它们原来的用途却很有可能大不相同。例如，这款由小巴黎工作室（Little Paris）设计的边几过去主要用于医疗场所，而另一款由文森特和巴恩设计工作室设计的边几则是从 20 世纪 50 年代的课桌中获得的灵感。

台北公寓

（APARTMENT IN TAIPEI）

设计

奇拓室内设计工作室（CHI-TORCH Interior Design）

摄影

琼·李（Jean Lee）

第十二号摄影工作室（Numberxii photography）

这是一个关于老房子的故事，故事中上演着一场向岁月致敬的大戏。设计师花了很大力气来保留老房子原来的模样，甚至连一些小细节也都注意到了。为了营造一种既有历史感又充满工业气息的温馨氛围，设计师将窗户中的木框尽可能地减小，将玻璃的面积尽可能地增大，以此来增大窗户的采光率、增强室内自然光线的照射。

A&E

一盏盏充满 20 世纪 50 年代气息的工业铃灯，一面面未经粉刷、直接裸露的砖墙，一件件材质为不锈钢等金属和废旧木材的家具，完美展现了历史感与现代性并存的设计理念。

阿林娜·普雷西亚多之家

（ALINA PRECIADO HOME）

设计

阿林娜·普雷西亚多

达尔·吉坦（Dar Gitane）

摄影

阿林娜·普雷西亚多

阿林娜·普雷西亚多第一次走进这个未来的新家时，屋内的景象一片荒旧：窗户都用木板封着，小鸟也在房间里安了家，房间里一团糟，到处散落着上一位租客丢弃的物品。但那破旧窗户里照进的阳光，却让阿林娜·普雷西亚多一眼就爱上了这座房子。

尽管我们都活在当下，但往昔的回忆却总会不断涌上心头。所以，设计师便采用了一些复古的元素——不管是工作台、书桌，还是晚宴桌，用的都是具有工业风格的大桌子。

在设计过程中，设计师保留了原来的窗户。窗户的材质为玻璃、不锈钢和铁丝网。在窗户中部，有几块玻璃外面装有铁丝网，这几块玻璃可以向外推开。混凝土地板上重型机械留下的痕迹彰显了该建筑物过去的工业用途。

KOUDELKA
GYPSIES

墨尔本之家

（MELBOURNE HOME）

设计 / 承建

阿德里亚·斯特朗普（Adriane Strampp）

博赫丹·库兹克（Bohdan Kuzyk）

摄影

肖恩·芬尼西（Sean Fennessy）

阿德里亚·斯特朗普

与斯特朗普的绘画作品一样，该设计的审美目标也是最大限度地减少色彩的使用。设计师设计的重点在于如何处理好室内外的光影、空间和物品等的纹理之间的关系，从而营造一种和谐舒适的氛围。由于预算有限，而且设计师又有向房屋的历史致敬的想法，所以整个设计过程进展得缓慢而有序。

COLLAPSIBLE
MODEL 1966
16

设计中选用的材料须符合两个标准：一是要有历史感，二是要体现出建筑物过去的工业特色。该建筑物原来分为仓库和衣架生产工厂两部分。与其邻近的许多工业建筑也都已经被抢救出来，重新进行设计改造。

TEA

设计中用的横梁原来是码头上的木头墩子，窗户是从一所废弃学校里拆来的，书架对面的一排小屏风用的是多孔铁丝板。整个设计的亮点则要数那古色古香的厨房，其中的餐具和炉具都是爱家（AGA）牌。厨房占据着整间屋子的中心位置，一切室内活动都绕不开它。

德斯塔概念餐厅

（DSTAGE CONCEPT）

设计

德斯塔设计团队（DSTAgE team）

摄影

阿尔瓦罗·费尔南德斯·普列托（Álvaro Fernández Prieto）

妮科莱特·施密特（Nicolette Schmidt）

因为奉行顶级美食的理念，德斯塔并不是一家传统意义上的餐厅。餐厅的米其林三星大厨及其团队创造出了一种新的模式。在这种模式下，食客可以就口味喜好等与厨师直接交流，以便获得更好的用餐体验。

Daysto
Smell
Taste
Amaze
grow&
Enjoy

厨师的主要舞台便是厨房。在餐厅中，厨房的作用举足轻重。通过厨房，厨师努力与食客建立起一种彼此分享、相辅相成的关系：食客们将自己的口味喜好等分享给厨师，厨师则根据这些喜好运用自己的烹饪技艺将美食分享给食客。这样，食客们享受到了美食，厨师获得了赞扬，餐厅也生意兴隆。

在餐厅的设计中，设计师只用了铁、木头和玻璃三种材料，最大限度地减少了选用的材料的种类。镶砖墙面和散发着工业气息的裸露管道，再加上灯光与音乐的完美结合，营造出了一种独特的氛围，重新定义了“奢华”的概念。

与其他顶级餐厅中的奢华家具不同，餐厅内家具的设计以实用性为主，十分简洁素朴。这些桌子是设计师跟大厨共同设计的，整个设计别具匠心，尤其是木质桌面，十分独特，若是摆上桌布，反而显得画蛇添足了。

6
DSTAGE

受到纽约苏豪区工业风设计的启发，设计师在餐厅外面的院子里打造了一座小菜园，菜园里生产的蔬菜全供自用。

Corradi Cucine Srl

其他

旧工业风室内设计并不是特定家具的独角戏。我们从古董店和跳蚤市场上淘回来的各种物件都可以用在旧工业风设计中。这些物件大多是 20 世纪上半叶的产物，不仅能唤起我们对过去的记忆，更用它们那复古的美感触动着我们怀旧的神经。旧广告牌、从火车站找来的时钟、收音机、照相机……所有这些东西对大多数人来说似乎只有装饰性功用，但对收藏爱好者而言，这些老物件还有另一种价值——收藏。因为每一件老物件都有自己的历史，它们可以瞬间激发收藏者的兴趣。

然而，并不是所有的家具都得是几十年前的老物件。现在一些设计公司可以利用最新的技术来打造具有复古风的家具和配件。

Interior MA2 by INT2 Architecture

Corradi Cucine Srl

科拉迪（J. Corradi）品牌旗下的所有厨房用具和厨房内部设计均有多种不同的样式可供选择。就炉具来说，有柴炉、电炉、天然气炉，也有混合型炉具，炉具的材质也有不锈钢、黄铜、青铜和彩涂金属等，它们能使整个厨房充满复古气息。

康特利（Country）炉具在设计上受到了普利亚（Pugliese）厨具的启发，材质为涂漆金属和陶瓷。设计师还别具匠心地在炉门上设计了观察口，并为其设计了一套环保型的自然循环供热系统。

Corradi Cucine Srl

Corradi Cucine Srl

Playful Clashes Against an Industrial Backdrop by Fanny Abbes, The New Design Project / photo © Alan Gastelum

Burns and Gross by Reddymade Design / photo © Antoine Bootz

Barcelona apartment by Jan Plechac&Henry Wielgus / photo © Martin Chum

Stone Forest, Inc.

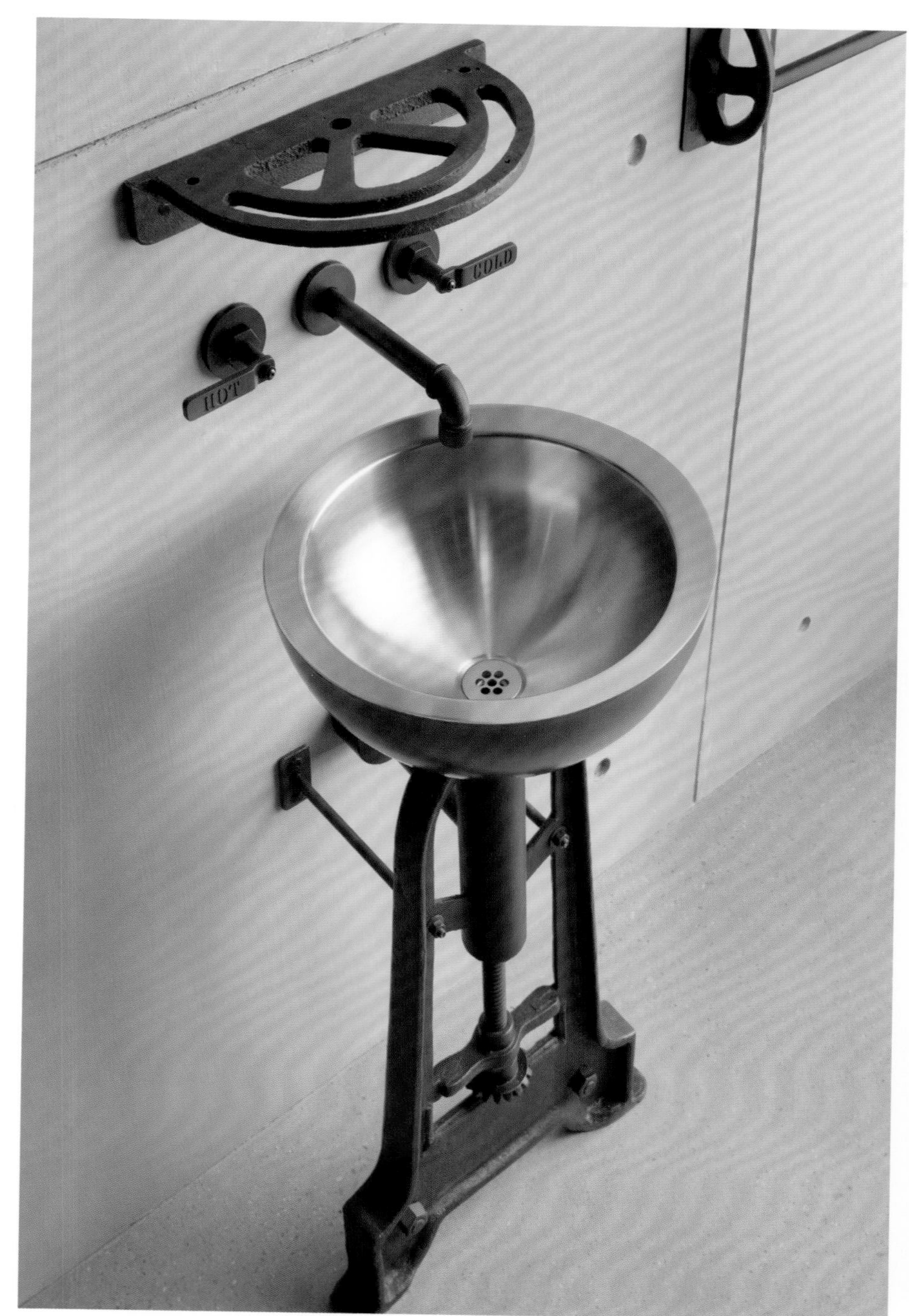

Stone Forest, Inc.

该款造型独特的洗手台的底座部分为铸铁材质，面盆为青铜材质，其设计灵感来源于老旧的工业管道。凭借这款洗手台和一些小配件的设计，斯通·福瑞斯（Stone Forest）的工业风系列家具一举摘得了《室内设计》杂志2014年的“年度最佳设计奖”。

Stone Forest, Inc.

Stone Forest, Inc.

铸铁通常用于工程机械的制造，但这位设计师却别出心裁地将铸铁工艺应用于制造日常生活的小物件上。它们不仅使用方便，还散发着浓浓的工业风。工业器具、轮子、金属板和螺钉等都是设计师的灵感源泉。

Restaurant & Bar Nazdrowje by Richard Lindvall / photo © Mattias Lindbäck

Restaurant & Bar Nazdrowje by Richard Lindvall / photo © Mattias Lindbäck

在纳兹德罗耶酒吧餐厅（Restaurant & Bar Nazdrowje）的设计中，理查德·林德瓦尔选用了铜这一材质，其与混凝土、钢铁和白瓷砖的冷色调形成对照，给整个设计增添了一丝暖意。餐厅中的部分设施和整个供热系统的饰面都是用铜特别定制的。

Aiguo E. Rd. Wang-mansion by CHI-TORCH Interior Design / photo © numberxii photography

在浴室的设计中，奇拓室内设计工作室将体现着工业风的废旧物品改造成浴室的家具。一个金属大桶经过设计师的匠心独运变成了与众不同的洗手盆，波纹状的钢筋和废旧的木头比邻而立，为这个浴室增添了不少传统的元素。

Interior MA2 by INT2 Architecture

Interior MA2 by INT2 Architecture

N° 5 汉堡餐厅的室内设计保留了 20 世纪 20 年代的感觉，不仅有颓废的美感，而且有复古的魔力，甚至连餐厅中最具私密性的洗手间的设计也不例外。洗手间的外部通道是货梯，内部的设计则采用了纹理纸和镜子来装饰。

N° 5 by Francisco Segarra / photo © IMAGO Estudio

Nº 5 by Francisco Segarra / photo © IMAGO Estudio

Vintage Industrial, LLC

Chariot des Herbes
CC0

Vintage Industrial, LLC

Vintage Industrial, LLC

Spice Warehouse by Marie Burgos Design / photo © Francis Augustine

从火车站找来的大挂钟是铁路工业的象征。这些挂钟的材质为熟铁，造型较大，有一个或两个表盘，一般悬挂在墙上，是旧工业风设计的重要元素。

Suppan & Suppan Interieur

Vavoom Emporium. Australian Furniture and Homewares

Le Grenier

Junior Vintage & Design

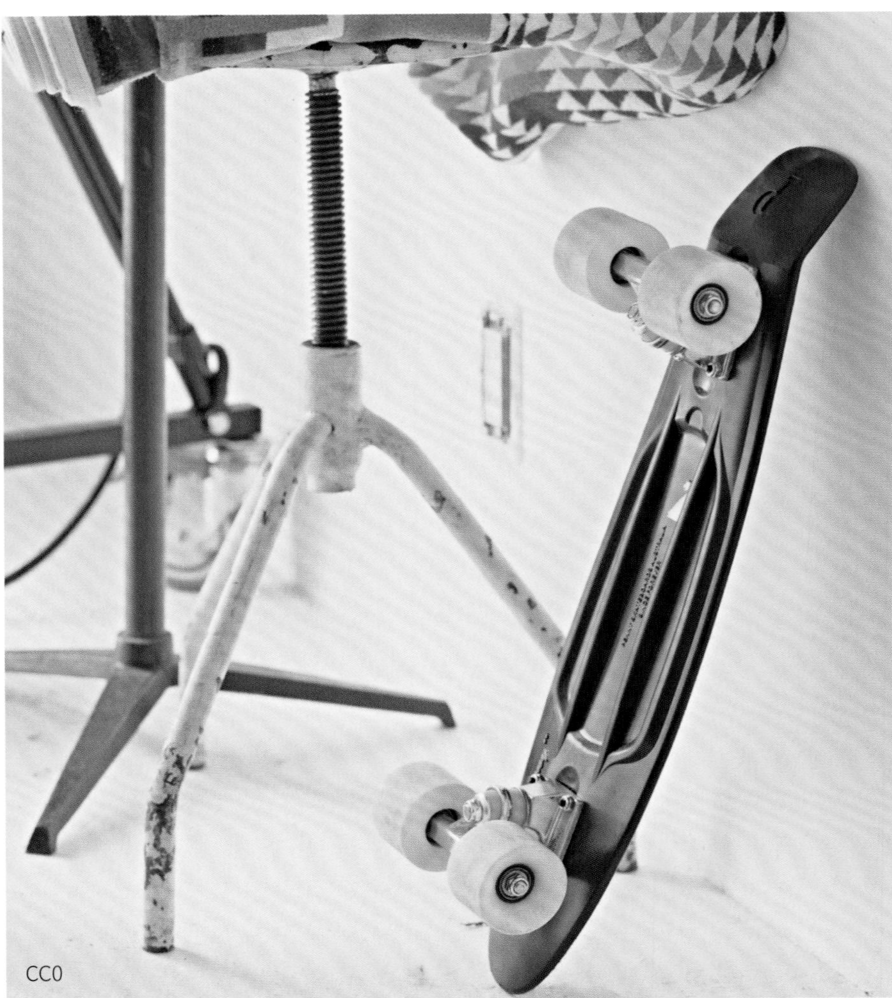
CC0

Lifestyle Home & Living

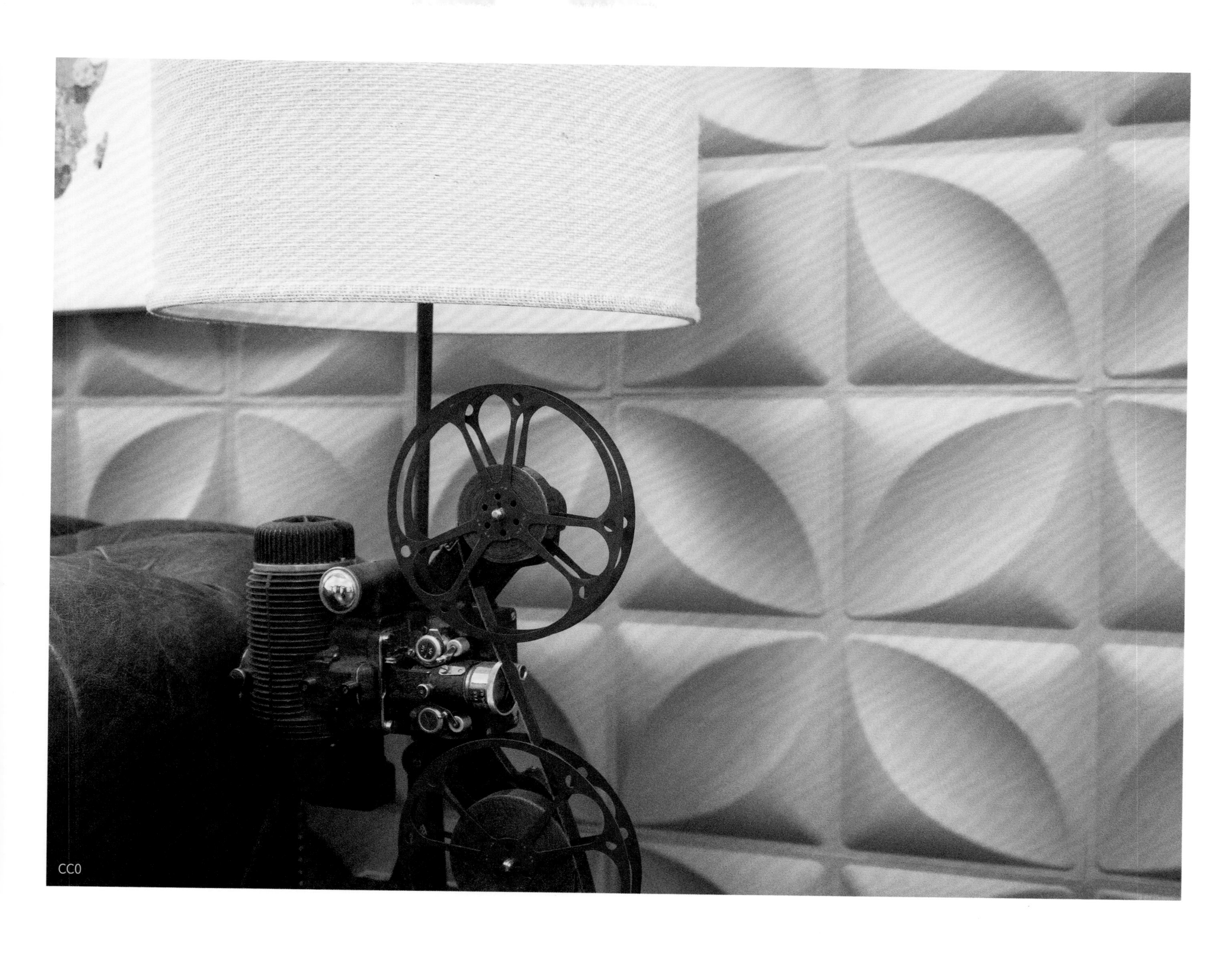
CC0

Dash & Albert - The Annie Selke Companies / Fresh American LLC., All Rights Reserved

The Old Cinema

Calma Chechu

Calma Chechu

一些极具辨识度的现代品牌的标志是经过多年不断修改和调整才最终成为今天我们看到的经典设计样式的。有些作品的材料原本是日常生活中随处可见的不起眼的东西，现在却可能成为收藏者的宝贝，比如这个浴盆的原材料就是卡尔马·切立（Calma Chechu）油桶的铁皮。

Vincent and Barn

Vincent and Barn

telier Pfister

Nº 5 by Francisco Segarra / photo © IMAGO Estudio

为了更具复古风，镜子多采用无边框、斜面边框或者是几何形边框的设计。镜子的使用并不能完全和工业风画等号。在一些灯光较为昏暗的室内使用镜子，是为了充分利用自然光，这时镜子可以让整个空间看起来更加宽敞明亮。

Vincent and Barn

"Kodaks"
N'OUBLIEZ PAS
D'ÉCRIRE VOTRE NOM
SUR VOS BOBINES
METTEZ
DANS CETTE BOITE
VOS
PELLICULES
...ELLES VOUS
SERONT RENDUES
..DÉVELOPPÉES
ET TIRÉES
SUR PAPIER
"Velox"
EXIGEZ
LA PELLICULE
"Kodak"
"Verichrome"
C'est plus sûr...
Le Grenier

Kodak
'KODET' LENS
'Brownie' Flash B
CAMERA
MADE IN ENGLAND BY KODAK LIMITED LONDON
CC0

CC0

Petra Reger Home by Petra Reger / photo © Petra Reger

Petra Reger Home by Petra Reger / photo © Petra Reger

GHIFY

Etsy

TOLIX®

Phill's twenty7 Bistro by Jan Plechac&Henry Wielgus / photo © Martin Chum

菲尔 27 酒馆（Phill' s Twenty 7 Bistro）充分展示了经过设计的墙面可以成为整个空间中最具创新性的部分。裸露砖墙上的小瑕疵或者是一些废旧瓦片都带有一种特殊的历史感，可能这就是“少即是多”。

Rockett St George

Calma Chechu

Melody Maison

Calma Chechu

该设计的一个重要原则便是在装修过程中尽可能地保持室内物品的原貌及其展现出的历史价值。因此，室内物品带有的岁月痕迹都有特殊的意义，甚至可以说，它们给这些物品增添了额外的价值。

Calma Chechu

Calma Chechu

Calma Chechu

Playful Clashes Against an Industrial Backdrop by Fanny Abbes, The New Design Project / photo © Alan Gastelum

KLAUS
KINSKY
GIANNI
GARKO
LA VENGEANCE
DE DIEU
avec
GELY GENKA
mise en scène de
V. THOMAS
Eastmancolor
Production MIDA CINEMATOGRAFICA Films

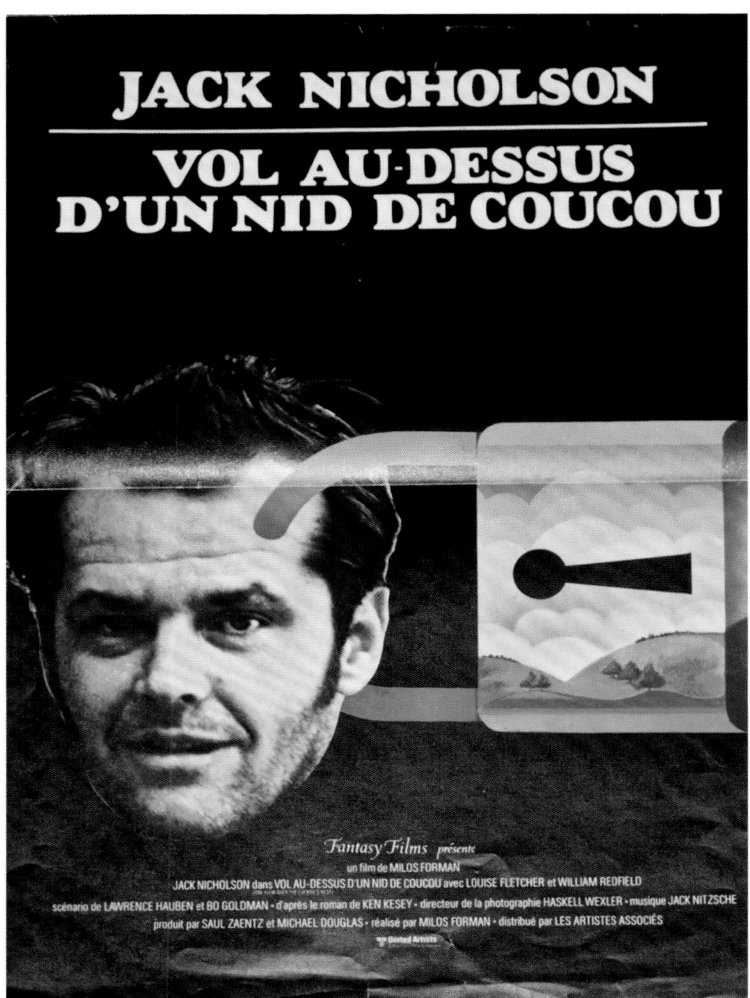
JACK NICHOLSON
VOL AU-DESSUS
D'UN NID DE COUCOU
Fantasy Films présente
un film de MILOS FORMAN
JACK NICHOLSON dans VOL AU-DESSUS D'UN NID DE COUCOU avec LOUISE FLETCHER et WILLIAM REDFIELD
scénario de LAWRENCE HAUBEN et BO GOLDMAN · d'après le roman de KEN KESEY · directeur de la photographie HASKELL WEXLER · musique JACK NITZSCHE
produit par SAUL ZAENTZ et MICHAEL DOUGLAS · réalisé par MILOS FORMAN · distribué par LES ARTISTES ASSOCIÉS

ANDRE GENOVES PRESENTE
BRIGITTE
BARDOT
ANNIE
GIRARDOT
les
novices
SCENARIO ET REALISATION:
GUY CASARIL
PAUL GEGAUFF
JEAN CARMET
JACQUES DUBY
JESS HAHN
JACQUES JOUANNEAU
NOEL ROQUEVERT
EASTMANCOLOR
DISTRIBUTION PARAFRANCE FILMS

La Société Nouvelle de Cinématographie présente
YVES
MONTAND
LEA MASSARI
MARCEL BOZZUFFI
le
fils
UN FILM DE
PIERRE GRANIER-DEFERRE
avec
FREDERIC DE PASQUALE
d'après un scénario de HENRI GRAZIANI
produit par BERTRAND JAVAL

Little Paris

富兰克林大街顶楼公寓

（FRANKLIN STREET LOFT）

设计

简·金设计事务所（Jane Kim Design）

摄影

爱德华·休伯（Eduard Hueber）

拱形摄影工作室（Archphoto）

这所公寓堪称纽约工业风设计的典范。该公寓坐落在翠贝卡区一座建于 20 世纪初期的工业建筑内，公寓的主人想要重现建筑物往日的工业气息，便在设计中有意地将钢铁结构和粗糙的砖墙裸露在外。在保持空间连续性的同时，公寓的主人还对三间双人卧室和两间浴室的布局进行了规划。

梯形的空间设计使得从客厅到厨房区域的视野十分开阔。其设计参考了附近地区的钢架顶罩棚。另外，设计中的木头、混凝土和不锈钢等元素也充分体现了公寓的工业风特色。

马车之家

（CARRIAGE HOUSE）

承建

本内特·弗兰克·麦卡锡建筑师事务所（Bennett Frank McCarthy Architects）

摄影

本内特·弗兰克·麦卡锡建筑师事务所

仓库、木工车间、住宅空间……在改造时，这个旅馆的主人们希望设计师将空间布局进行重新设计：一间具有社交功能的大厨房、一个休闲娱乐区和一个体现布莱格登巷（Blagden Alley）社区精神的会议区。

因预算有限，所以很多的装修工作是由房屋的主人们自己动手完成的。一面石墙不仅使二楼看起来井然有序，而且增加了必要的储物空间。而那个充满工业风气息的大厨房，则是整个空间中最受瞩目的亮点。

HUNTRESS
COAL
OIL
368
D

EL NUEVO LOFT

蓝咖啡咖啡店

（THE BLUE COFFEE）

承建

弗朗西斯科·塞加拉（Francisco Segarra）

摄影

尼古拉斯·蒙特亚古多（Nicolás Monteagudo）

这家名为“蓝咖啡”的咖啡店采用了“蓝海策略”的经营理念，该理念是由金伟灿（W.Chan Kim）和勒妮·莫博涅（Renée Mauborgne）在《蓝海策略》一书中共同提出的。设计师运用了老旧的计重秤、电话、仿古球形灯罩和一张破旧的木质工作台等元素来装饰空间。那张旧工作台一看就是已经使用了很多年的老物件，设计师独具匠心地将其改造成了吧台。

FRY'S
MILK
Hazel
Nuts

在设计中，有几件家具还是很有审美价值的。例如切斯特菲尔德（Chesterfield）真皮沙发，由弗朗西斯科·塞加拉亲自定制，坐上去特别舒服，虽然沙发有些年久褪色，但丝毫没有影响其美感。除了沙发，还有用桑德森（Sanderson）公司的高端面料包裹的椅子、用工业风扇以及旧瓷器制成的照明开关，均具有较高的审美价值。

Champagne
BAR
du
CENTRE
WHITE

设计中使用的材料和物品都十分考究，例如地板用的是带有木纹的老松木，金属天花板上镶嵌的是坚固的木质横梁，桌上摆放的是古董瓷器，灯具是特意从老工厂找回来的工业灯，连壁炉也是维多利亚时代的老物件。所有这些元素都为房间营造出一种温馨的氛围。

信息名录

商店

&tradition	www.andtradition.com
1stdibs	www.1stdibs.com
AF ALLIANCE FURNITURE	www.alliancefurniture.com.au
Alexander & Pearl	www.alexanderandpearl.co.uk
Annabel James	www.annabeljames.co.uk
Artisanti	www.artisanti.com
Atelier Pfister	www.atelierpfister.ch
Calma Chechu	www.calmachechu.com
Case Furniture	www.casefurniture.com
Cranmore Home	www.cranmorehome.com.au
d-Bodhi	www.d-bodhi.com
Dash & Albert	www.dashandalbert.annieselke.com
DCW Éditions	www.dcw-editions.fr
DeLife	www.delife.eu
Delightfull	www.delightfull.eu
Desalto	www.desalto.it
Etsy	www.etsy.com
Farrow & Ball	www.eu.farrow-ball.com
Fredericia	www.fredericia.com
Fritz Hansen	www.fritzhansen.com
GHIFY	www.ghify.com
Guru-Shop	www.guru-shop.de
House Doctor	www.en.housedoctor.dk
HOUSE JUNKIE	www.housejunkie.co.uk
IN-SPACES Marketplace	www.in-spaces.com
Journey East	www.journeyeast.com
Junior Vintage & Design	www.juniorvintageanddesign.eu
Koko Classics	www.kokoclassics.com
Le Grenier	www.legrenier.eu
Lifestyle Home and Living	www.lifestylehomeandliving.com.au
Little Paris	www.littleparis.co.uk
MADAM STOLTZ	www.madamstoltz.dk
Made	www.made.com
Melody Maison	www.melodymaison.co.uk
ONE WORLD TRADING CO	www.one.world
Out There interiors	www.outthereinteriors.com
Rockett St George	www.rockettstgeorge.co.uk
Shoreditch Lighting Co.	www.shoreditchlighting.co.uk
Skinflint Design	www.skinflintdesign.co.uk
Stone Forest	www.stoneforest.com
Suppan & Suppan Interieur	www.suppanundsuppan.at
The Old Cinema	www.theoldcinema.co.uk
Vavoom Emporium	www.vavoom.com.au
Vincent and Barn	www.vincentandbarn.co.uk
Vintage Industrial	www.retro.net
works Berlin	www.worksberlin.com
YOYO	www.yoyo.co.nz

品牌

Anglepoise®	www.anglepoise.com
Artemide	www.artemide.us
Galerie Patrick Seguin	www.patrickseguin.com
Jieldé	www.jielde.com
KAISER idell™	www.kaiseridell.com
Knoll	www.knoll.com
Lampe Gras™	www.lampegras.fr
Lithos Design	www.lithosdesign.com
MCZ Group	www.mcz.it
TECNOLUMEN®	www.tecnolumen.com
THONET GmbH	www.thonet.de
TOLIX®	www.tolix.fr
Pedrali	www.pedrali.it

设计工作室

Andreu World	www.andreuworld.com
Chalupko Design	chalupkodesign.pl
Ciguë	www.cigue.net
Corradi Cucine	www.jcorradi.com
District Eight Design	www.districteightdesign.com
Made With Love™	www.madewithlovedesigns.co.uk